"十四五"职业教育国家规划教材

高等职业教育能源

电能计量装置安装与检查

DIANNENG JILIANG ZHUANGZHI ANZHUANG YU JIANCHA

● 主　编　黄建硕

● 副主编　杜晓华　刘　超

● 参　编　李　音　饶玉凡　黄　頔
　　　　　王哲伟　谢伟峰　严　辉
　　　　　杨海倩　王　润　朱晓樑

重庆大学出版社

内容提要

本书是"十四五"职业教育国家规划教材。

本书是在对供用电技术专业学生就业岗位群、农网营销岗位群的工作任务作充分调研的基础上,以装表接电为引领,以项目作驱动,详细阐述了与电能计量现场工作紧密相关的4个情境及14个任务。通过这些任务,详细介绍了电能计量装置的安装接线、低压电能计量装置的带电调换、电能计量装置施工方案的编制、电能计量装置竣工验收、低压接户线、进户线及配电设备安装、电能计量装置的错误接线检查、计量差错处理及电能表的现场检验、电能计量装置的选配、用电信息采集终端的安装、用电信息采集检查与处理等内容,每个任务由任务准备、任务实施、相关知识等部分组成。

本书主要适用于供用电技术专业,也可作为其他电类专业、电网公司营销部门员工的技术培训用书及相关技术人员的参考用书。

图书在版编目(CIP)数据

电能计量装置安装与检查 / 黄建硕主编. -- 重庆：
重庆大学出版社,2020.3(2024.7 重印)
ISBN 978-7-5689-2022-3

Ⅰ.①电… Ⅱ.①黄… Ⅲ.①电能计量—装置—安装
—高等职业教育—教材②电能计量—装置—故障检测—高
等职业教育—教材 Ⅳ.①TB971

中国版本图书馆 CIP 数据核字(2020)第 045773 号

电能计量装置安装与检查

主　编　黄建硕
副主编　杜晓华　刘　超
参　编　李　音　饶玉凡　黄　颀
　　　　王哲伟　谢伟峰　严　辉
　　　　杨海倩　王　润　朱晓樑
策划编辑：鲁　黎

责任编辑：姜　凤　　版式设计：鲁　黎
责任校对：谢　芳　　责任印制：张　策

*

重庆大学出版社出版发行
出版人：陈晓阳
社址：重庆市沙坪坝区大学城西路 21 号
邮编：401331
电话：(023) 88617190　88617185(中小学)
传真：(023) 88617186　88617166
网址：http://www.cqup.com.cn
邮箱：fxk@ cqup.com.cn (营销中心)
全国新华书店经销
重庆市国丰印务有限责任公司印刷

*

开本：787mm×1092mm　1/16　印张：11.75　字数：281 千
2020 年 3 月第 1 版　　2024 年 7 月第 4 次印刷
ISBN 978-7-5689-2022-3　定价：38.00 元

高等职业教育能源动力与材料大类

（供电服务）系列教材编委会

主　　任：黎跃龙

副 主 任：颜宏文　　浣世纯　　冯　兵　　龚　敏

成　　员：张　欣　　曾旭华　　段　粤　　陈正茂

　　　　　冯　骞　　李汶霓　　朱　华　　王　钊

　　　　　魏梅芳　　袁东麟　　李高明　　张　惺

　　　　　付　蕾　　谢毅思　　宁薇薇　　陈铸华

　　　　　吴力柯　　李　恺

合作企业：国网湖南省电力有限公司

　　　　　国网湖南省电力有限公司供电服务中心

　　　　　国网湖南省电力有限公司所属各供电企业

编写人员名单

主 编　黄建硕　长沙电力职业技术学院

副主编　杜晓华　长沙电力职业技术学院

　　　　刘　超　国网湖南省电力有限公司
　　　　　　　　娄底供电分公司

参 编　李 音　长沙电力职业技术学院

　　　　饶玉凡　长沙电力职业技术学院

　　　　黄 頔　长沙电力职业技术学院

　　　　王哲伟　长沙电力职业技术学院

　　　　谢伟峰　国网湖南省电力有限公司
　　　　　　　　娄底供电分公司

　　　　严 辉　国网湖南省电力有限公司
　　　　　　　　邵阳供电分公司

　　　　杨海倩　长沙电力职业技术学院

　　　　王 润　长沙电力职业技术学院

　　　　朱晓樑　长沙电力职业技术学院

实施乡村振兴战略,是党的十九大作出的重大决策部署。习近平总书记指出,"乡村振兴是一盘大棋,要把这盘大棋走好"。近年来,在国家电网有限公司统一部署下,国网湖南省电力有限公司全面建设"全能型"乡镇供电所,持续加大农网改造力度,不断提升农村电网供电保障能力,与此同时,也对供电所岗位从业人员技术技能水平提出了更新更高的要求。

近年来,长沙电力职业技术学院始终以"产教融合"为主线,以"做精做特"为思路,立足服务公司和电力行业需求,大力实施面向供电服务职工的定制定向培养,推进人才培养与"全能型"供电所岗位需求对接,重点培养电力行业新时代卓越产业工人,为服务乡村振兴和经济社会发展提供强有力的人才保障。

教材,是人才培养和开展教育教学的支撑和载体。为此,长沙电力职业技术学院把编写适应供电服务岗位需求的教材作为抓好定向培养的关键切入点,从培养供电服务一线职工的角度出发,破解职业教育传统教材与生产实际、就业岗位需求脱节的突出问题。本套教材由长沙电力职业技术学院教师与供电企业专家、技术能手和星级供电所所长等人员共同编写而成,贯穿了"产教协同"的思路理念,汇聚了源自供电服务一线的实践经验。

以德为先,德育和智育相互融合。本套教材立足高职学生视角,在突出内容设计和语言表达的针对性、通俗性、可读性的同时,注重将核心价值观、职业道德和电力行业企业文化等元素融入其中,引导学生树立远大理想,把"爱国情、强国志、报国行"自觉融入实现"中国梦"的奋斗之中,努力成为德、智、体、美、劳全面发展的社会主义建设者和接班人。

以实为体,理论与实践相互支撑。"教育上最重要的事是要给学生一种改造环境的能力。"(陶行知语)为此,本套教材更加突出对学生职业能力的培养,在确保理论知识适度、实用的基础上,采用任务驱动模式编排学习内容,以"项目+任务"为主体,导入大量典型岗位案例,启发学生"做中学、学中做",促进实现工学结合、"教学做"一体化目标。同时,得益于本套教材为校企合作开发,确保了课程内容源于企业生产实际,具有较好的"技术跟随度",较为全面地反映了专业最新知识,以及新工艺、新方法、新规范和新标准。

以生为本，线上与线下相互衔接。本套教材配有数字化教学资源平台，能够更好地适应混合式教学、在线学习等泛在教学模式的需要，有利于教材跟随能源电力专业技术发展和产业升级情况，及时调整更新。该平台建立了动态化、立体化的教学资源体系，内容涵盖课程电子教案、教学课件、辅助资源（视频、动画、文字、图片）、测试题库、考核方案等，学生可通过扫描二维码，结合线上资源与纸质教材进行自主学习，为大力开展网络课堂和智慧学习提供了有力的技术支撑。

"教育者，非为已往，非为现在，而专为将来。"（蔡元培语）随着现场工作标准的提高、新技术的应用，本套教材还将不断改进和完善。希望本套教材的出版，能够为全国供电服务职工培养培训提供参考借鉴，为"全能型"供电所的建设和发展做出有益探索！

与此同时，对为本套教材辛勤付出的编委会成员、编写人员、出版社工作人员表示衷心的感谢！

2019 年 12 月

　　为积极响应国家职业教育改革精神，认真贯彻落实"职教 20 条"的部署，推进"三教"（教师、教材、教法）改革，提高电力职院教育质量，加快培养高素质技能人才队伍，国网湖南省电力公司制订了企业大学教材编写规划，编写出贴近生产实际的新时代电力专业教材，根据人才培养计划和要求及课程标准，采用了现场教学组织形式，营造类似企业的学习环境，通过完成各项工作任务，以任务驱动的工作过程引导课程教学实施，充分体现了职业教学与生产工作的对接，满足职业岗位和继续领域的实际需求。

　　本书主要采用情境项目导向和任务驱动的编写方式，在编写过程中经过了广泛调研，融入了当前新政策、新技术，根据电能计量装置安装现场工作过程选择典型的工作任务为编写内容。突出了专业的实用性和针对性。对于本课程的教学，视场地情况，可采用"教、学、做"一体化的教学方式，也可采用理论与实训分开的教学方式。

　　本书由黄建硕担任主编，杜晓华、刘超担任副主编。本书具体编写分工如下：情境 1 由黄建硕、黄頔、王哲伟、杨海倩、李音和、谢伟峰、刘超编写；情境 2 由朱晓樑、王润编写；情境 3 由杜晓华、饶玉凡编写；情境 4 由严辉编写。

　　由于编者水平有限，本书中难免存在疏漏和不足之处，恳请读者批评指正。

编　者

2019 年 12 月

目 录

情境 1　电能计量装置的安装

【情境描述】

按行业标准及技术管理规程介绍电能计量装置现场安装操作程序、工艺要求及质量标准。

【情境目标】

1.能熟悉装表接电工作的业务内容。

2.能熟练掌握装表接电工作流程。

3.能熟练掌握计量电能装置送电后的检查项目、条件及方法。

4.能正确选择使用装表接电常用仪表。

5.能熟悉现场作业的标准化作业指导书。

【教学环境】

装表接电实训室（或一体化教室）、多媒体课件、电能计量教学视频、施工工作单。

任务 1.1　单相电能表的安装接线

【教学目标】

● 知识目标

1.掌握低压单相电能表的结构与工作原理。

2.掌握低压单相电能表的接线原理。

3.了解单相电能表的铭牌含义。

4.掌握低压单相电能表的安装操作流程及工艺质量要求。

5.熟悉低压单相电能表的验收标准。

● 能力目标

1.会看低压单相电能表的接线图。

2.会使用电工类工具。

3.熟练掌握单相电能表的接线工艺。

4.能熟练安装单相电能表。

5.能明确单相电能表现场安装标准化作业的要求。

● 态度目标

1.能主动学习,在完成任务过程中发现问题、分析问题和解决问题。

2.能与小组成员协商、交流配合完成本次学习任务,养成分工合作的团队意识。

3.严格遵守安全规范,爱岗敬业、勤奋工作。

【任务描述】

按照《电能计量装置安装接线规则》(DL/T 825—2002)、《电能计量装置技术管理规程》(DL 448—2016)及《国家电网公司计量标准化作业指导书》的要求,在实训室完成单相电能表的正确安装及接线。

【任务准备】

1.将学生分成若干个小组,并选出组长。

2.课前预习单相电能表的接线原理。

3.熟悉单相电能计量箱的结构,熟悉计量箱中各设备的相对位置,熟悉布线、接线方法和接线工艺。

【任务实施】

1.按照任务指导书实施任务。

视频 工前准备

任务指导书

工作任务	单相电能表直接接入式安装		学　时		6
姓　名		学　号		班　级	日　期

任务描述:按照《电能计量装置安装接线规则》(DL/T 825—2002)的要求完成单相电能表经直接接入式的安装接线。

一、工作前准备

(一)准备工作安排

1.根据工作任务要求,确定工作内容。组织工作人员学习作业指导书,使全体工作人员熟悉工作内容、进度要求、作业标准及安全注意事项。由工作负责人监督检查。

2.了解现场作业环境条件,分析可能遇到的问题,提出有效的预防措施。

3.测量仪表和安全工器具经过定期检验且合格。

4.携带的工具和材料能够满足安装作业的需求。

5.填写工作票或派工单,内容清楚、工作任务和工作范围明确。

(二)准备好下列工具及材料

1.单相电能表。

2.单相负载计量箱。

3.单芯铜质绝缘线(红、黑颜色 10 mm² 及 16 mm²)若干米。

4.安装工具一套(活动扳手、平口螺丝刀、十字螺丝刀、斜口钳、剥线钳、尖嘴钳、电工刀、低压试电笔、万用表等)。

5.其他辅助材料(编号管、尼龙扎线带、固定螺丝、自攻螺丝、计量专用铅封、油性笔等)。

二、作业步骤及标准

按照安装接线图(图 1.1)将电能表装接在计量箱内。

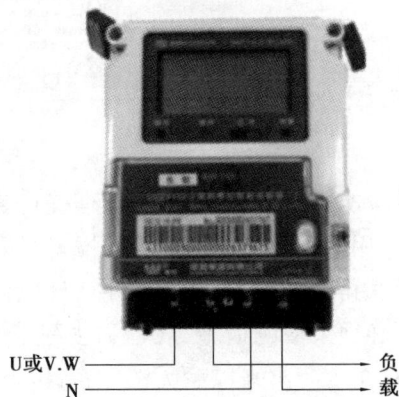

图 1.1　单相电能表接线示意图

1.安装固定电能表箱,电能表安装高度为 0.8~1.8 m(电能表水平线距地面尺寸),表箱呈垂直、四方固定。

2.将电能表固定在计量箱内(配电计量屏或楼层竖井表计安装处),要求垂直牢固。

3.从电能表端钮盒(火门)施放相线至表后空开上端(空开处于分位),零线接入电能表(计量)箱内零线母排或直接与负荷侧零线接通。

续表

> 4.按照先零线后相线的顺序穿(槽板)管施放入计量箱,并依次接入电能表端钮盒(火门)内,拧紧固定。
>
> **三、作业后检查**
>
> 1.检查电能表接线正确无误后,按照先零线后相线的顺序依次搭接。
>
> 2.安装接电正常,确认无误后,抄录电能表相关参数,对电能表及端钮盒实施铅封,确认铅封完好。请客户在工作单上履行确认签字手续。
>
> **四、清理施工现场**
>
> 1.清理现场,保证计量箱内无工具、物件和其他杂物。
>
> 2.检查设备上无遗留工器具和导线、螺钉材料。
>
> 3.检查电能计量装置已至正常工作运行状态。
>
> 4.清点工具,清理工作现场。
>
> 5.检查工作单上的记录,严防遗漏项目。
>
> 6.负责人在工作记录上详细记录本次工作内容、工作结果和存在的问题等。
>
> 7.终结工作票(派工单)手续。
>
> 8.出具工作传单,请客户在工作单上履行确认签字手续。

2.危险点预防分析及安全措施参见附录Ⅰ低压三相电能表安装作业指导书。

【相关知识】

视频 低压单相
直接式电表安装

1.1.1 电能计量基础知识

计量是利用技术和法制手段实现单位统一和量值准确可靠的测量。在计量过程中,认为所使用量具和仪器是标准的,用它们来校准、检定受检量具和仪器设备,以衡量和保证使用受检量具仪器进行测量时所获得测量结果的可靠性。计量涉及计量单位的定义和转换;量值的传递和保证量值统一所必须采取的措施、规程和法制等。

电能是一种特殊的商品,它在生产出来以后无法储存,因此发、供、用必须同时完成。随着电能进入日常生活中,就需要对电能进行计量,以便于销售和使用,由此就产生了电能计量装置。

电能计量装置是用于测量、记录发电量、供(互供)电量、厂用电量、线损电量和用户用电量的计量器具。电能计量装置是指由电能表(有功、无功电能表,最大需量表,复费率电能表等)、计量用互感器(包括电压互感器和电流互感器)及二次连接线导线构成的总体。电能计量装置是指电能表、电流互感器、电压互感器及二次导线、电能计量柜(箱)的总称。其中电能表和互感器是其核心所在。电能计量装置是电网运行的重要环节,它的准确与否关系到贸易结算的准确、公正,关系到电力企业的形象以及广大用户的切身利益。

电能表是测量电能的专用仪表,又称电度表、火表、千瓦小时表。电能表是电力系统的电能计量仪表,是一种最广泛、最基本的电力数据采集、测量和处理设备,电力系统的各个层级都有各种用途的电能表计。19世纪末,感应系电能表的制造理论基本形成,后来为了满足工业化和电能管理现代化的需求,电子式电能表不断发展和完善,出现了基于各种乘法器原理的电子式电能表,数字乘法器型电子式电能表扩展功能方便,适应电网现代化和智能化的发展,也是电子式电能表的主要发展方向。

(1)电能表的类型

电能表按其使用的电路可分为直流电能表和交流电能表,如家庭用的电源是交流电,因此是交流电能表。

交流电能表按其电路进表相线又可分为:单相电能表、三相三线电能表和三相四线电能表,一般家庭使用的是单相电能表,但别墅和大用电住户也有使用三相四线电能表,工业用户使用三相三线和三相四线电能表。

电能表按其工作原理可分为机械式电能表、机电一体式电能表和电子式电能表。在20世纪90年代以前,我们使用的一般是电气机械式电能表又称为感应式电能表或机械式电能表,随着电子技术的发展,电子式电能表的应用越来越多,已逐步取代机械式电能表。

电能表按其用途可分为有功电能表、无功电能表、最大需量表、标准电能表、复费率分时电能表、预付费电能表及多功能电能表。家庭常用的是有功电能表。

电能表的出现距今已有一百多年了。1880年著名美国科学家托马斯·阿尔瓦·爱迪生(Thomas Alva Edison)利用电解原理制作了世界上第一块直流电能表。1885年世界著名科学家尼古拉·特斯拉(Nikola Tesla)发明了交流电并很快得以应用,交流电能表也应运而生。1895年德国人布勒泰制作了世界上第一块感应式(交流)电能表,但是体积很大,难于使用。自此直到20世纪初的很长一段时间里,人们致力于减小电能表的体积、改善其性能。1905年人们发现了增加非工作磁路改进90°的方法,使电能表的发展有了长足进步。而后,随着导磁材料学的发展,电能表采用了一些高导磁材料制作铁芯,极大地减轻了互感器的重量,缩小了体积并降低了电能表自身的功耗。19世纪30年代起,电能表开始采用铬钢和铝镍合金替代了钨铜合金,并通过降低感应电能表转盘转速的方法来减少误差,改善负荷特性。20世纪中后期,微电子技术飞速发展,产生了电子式电能表。与此同时,电力工业也取得了巨大的发展,各种特性的负荷对电能表的准确度提出了越来越高的要求,而电子式电能表由于防窃电能力强、准确度高、负荷特性好、误差小、功耗低,而且配合单片机使用可以扩展多种功能等优势开始迅速地发展。20世纪60年代末期,日本人发明了分割乘法器,全电子式电能表由此诞生。随着微电子技术的进一步发展,数模转换技术和大规模集成电路的技术日益完善,使全电子式电能表逐步成为电能计量的中流砥柱,全电子式多功能电能表的智能化功能更是日趋完善,配合现代通信技术和单片机的使用,使远方测量和电能表的智能化成为现实。智能化时代的到来,以及全球性智能电网建设的开始,智能电表不仅可以应用于人们的生活,很多新能源等正在开发的高科技也在大范围地运用智能电能表。下一代智能电表将具有广阔的市场空间。

我国电表行业经历过机械制电表、普通电子式电表、预付费电表以及现在基本全面普及的智能电表阶段,电能表的计量准确度越来越高、稳定性越来越好、功能也越来越强大,在现代社会,作为智能电网的终端,智能电能表也成为当今电力领域的重要论题之一。

1)感应式电能表

1889年,匈牙利岗兹公司一位德国人制作了世界上第一块感应式电能表,而我国交流感应式电能表是在20世纪50年代从仿制外国电能表开始生产的。

①结构。单相感应式电能表的结构包括测量机构、辅助部件和误差调整装置,如图1.2所示。

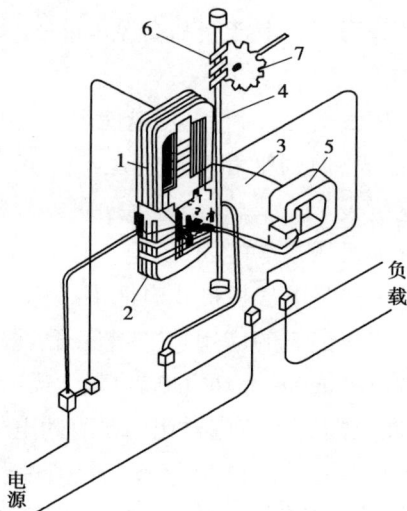

图1.2 单相感应式电能表的结构示意图

1—电压元件;2—电流元件;3—铝制圆盘;4—转轴;5—永久磁铁;6—蜗杆;7—蜗轮

测量机构包括驱动元件、转动元件、制动元件、轴承和计度器。

辅助部件包括基架、铭牌、外壳、端钮盒等,如图1.3所示。

②工作原理。感应式电能表的驱动元件、转动元件和制动元件构成了一个功率测量机构,该机构是用表盘的转速来反映功率的,即 $n=CP$。再加上计度器便组成了一个电能测量机构,因为表盘的转数可以反映电能,即 $N=CW$,而计度器可以累计表盘的转数并将其转变为电能值在计度器窗口中显示出来。

2)电子式电能表

电子式电能表是通过对用户供电电压和电流实时采样,采用专用的电能表集成电路,对采样电压和电流信号进行处理并相乘转换成与电能成正比的脉冲输出,通过计度器或数字显示器显示的物理器械,如图1.4所示。

电子式电能表具有以下特点:

①功能强大,易扩展;

②准确度等级高且稳定;

图 1.3　单相感应式电能表的外形图

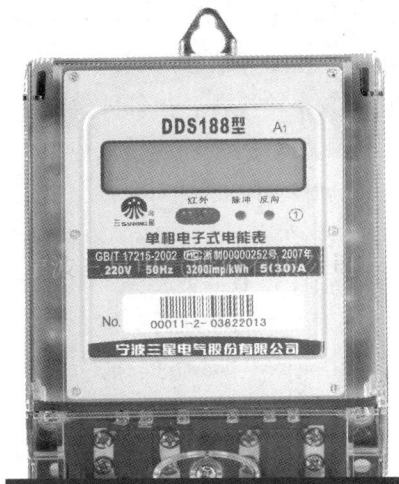

图 1.4　单相电子式电能表的外形图

③启动电流小且误差曲线平整；

④频率响应范围宽；

⑤受外磁场影响小；

⑥便于安装使用；

⑦过负荷能力大；

⑧防窃电能力更强。

全电子式电能表与感应式电能表相比有明显优势。例如，防窃电能力强、计量精度高、负荷特性较好、误差曲线平直、功率因数补偿性能较强、自身功耗低，特别是其计量参数灵活性好、派生功能多。由于单片机的应用给电能表注入了新的活力，这些都是一般机械表难以做到的。但是早期的电子式电能表也有一些明显的不足，如工作寿命较短、易受外界干扰、工作可靠性不及机械式电能表等。

①结构。全电子式电能表是在数字功率表的基础上发展起来的，全电子式电能表与机电脉冲式电能表不一样，测量机构发生了根本性的改变，它不再使用感应式的测量机构对电功率的测量，改用乘法器实现对负荷功率的测量。由于采用了先进的电子测量技术，全电子式电能表除了兼有机电脉冲式电子电能表的多种功能外，还具有更高的准确度级别、更低的功耗、更强的过负荷能力、更快的电压和频率响应速度及寿命更长等优点。

尽管各种全电子式电能表的具体结构不相同，但其测量组件的结构及所实现的功能是一致的。全电子式电能表的主要结构部件由输入级、乘法器、电压/频率转换器及分频器、计数器等组成。

a.输入级。输入级的功能是通过电压变换器和电流变换器将被测电网的高电压、大电流转换为低电压、小电流并进行采样，再将采样所得的模拟量信号转换为与被测量成线性比例变化的数字信号后，送给乘法器。

b.乘法器。乘法器的功能是完成电压和电流瞬时值相乘，再将其转换成能反映有功或无功功率大小的数字信号,即输出一个与该段时间内的平均功率成正比例的直流电压 U_o,然后再将此信号输入给电压/频率转换器。

c.电压/频率转换器。在各种模拟乘法器的输出端接以数字电压表,便构成一台电子式功率表。若要测量电能,则需将乘法器的输出电压先进行 U/F(电压/频率)转换,转换成频率正比于该电压的脉冲串,即得到频率 f_0 正比于平均功率信号,再将其信号送至分频器、计数器或微机处理器进行处理达到相应的电能量的数值信号,即用户实际消耗电能数值(信号)。

d.分频器、计数器。分频器和计数器的功能是将由电压/频率转换器送来的正比于平均功率的脉冲频率 f_0 信号进行分频,并驱动附有步进电动机的计度器进行电能累加或转换成液晶显示出相应的电能量的数值。

②工作原理。以下是单相全电子电能表的工作原理,如图 1.5 所示。

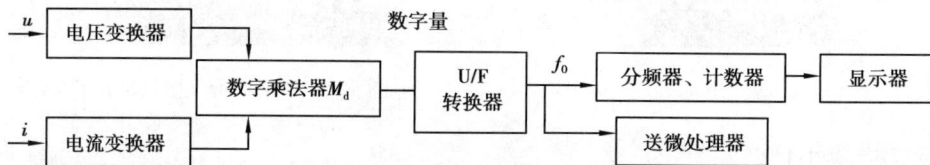

图 1.5 单相全电子电能表的工作原理

单相全电子电能表的工作原理:被测的高电压、大电流经电压变换器和电流变换器转换后送至乘法器,乘法器完成电压和电流瞬时值相乘,输出一个与一段时间内的平均功率成正比的直流电压,然后再利用 U/F 转换器,直流电压被转换成相应的脉冲频率,将该频率由分频器分频输出(供检定用),并通过一段时间内计数器的计数显示出相应的电能。

3)智能电能表

智能电能表是国家智能电网建设的重要组成部分,由国网公司组织统一设计,于 2010 年推广使用。智能电表是实现双向互动智能用电的"末端神经",支持双向计量、自动采集、阶梯电价、分时电价、冻结、控制、监测等功能。另外,智能电能表还可为用户提供很多用电服务,包括分布式电源计量、互动服务、智能家居、智能小区等。

下一代智能电表将在传统的计量业务之外搭载更多的功能,可实现系统内业务(运维支撑、计量、有序用电管理)和泛在业务(全域电气消防、新能源接入、能效管理、水气数据采集、居室防盗、储能管理、其他应用等)。

①结构。智能电能表具有电能量计量、信息存储及处理、实时监测、自动控制、信息交互等功能的电能表。测量模块为表计核心,它输出功率脉冲到微处理器,数据处理单元接收到测量部分的功率脉冲进行电能累计,此外它还将数据输出到相应的显示器中显示,继电器一般为保护继电器,可以通断较大的电流,表计中可扩展接口,进行数据抄读。

智能电能表主要由以下 8 个部分组成:

a.电源模块:给电能表提供工作电源。

b.计量模块:利用对电压和电流采样,通过计量芯片转换为实际电能的数字数据(电能脉冲)输出。

c.显示模块:用来显示电量和相关数据。

d.通信模块:用来和主机通信,数据传输的通道。

e.安全模块:保证数据传输的安全性。

f.时钟模块:为系统提供实时时钟,作为电量冻结、费率切换的依据。

g.存储模块:用来存储电能表参数、电量、历史数据等。

h.通断电模块:用来控制用户停送电。

智能电能表的组成如图1.6所示。

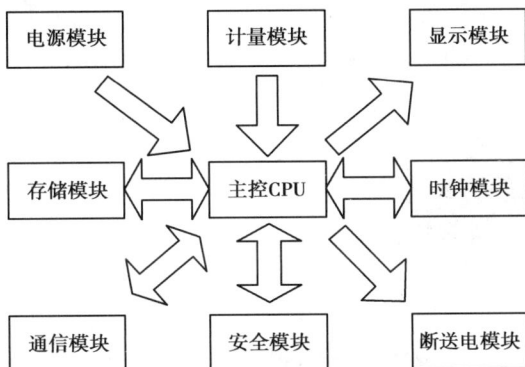

图1.6　智能电能表工作组成图

②分类。智能电能表分为费控智能表和智能表两大类。

费控智能表按接线方式可分为单相费控智能表、三相费控智能表和三相智能表;按费控方式又可分为本地费控智能表和远程费控智能表。

智能表最后一排数字为各制造厂设计序号(注册号)。向全国电工仪器仪表标准化技术委员会申请型号注册,同一注册号不同技术特性的应区别编号或符号(如林洋的注册号为71和72)。

国网表中的费控功能类似于预付费表功能,所以费控表中的第四格字母均带Y。

另外,在厂商的注册号后面加"C-代表CPU卡,S-代表射频卡"。

在"-"后面区分通信方式,Z-载波方式;C-CDMA卡通信方式;G-GPRS卡通信方式。

DTZY71C-Z——三相费控智能电能表(载波/本地CPU卡)。

DTZY71-G——三相费控智能电能表(无线GPRS/远程)。

DDZY71——单相远程费控智能电能表(远程/开关内置)。

③外形。智能电能表外形和布局如图1.7、图1.8所示。

④主要功能。智能电能表具有计量功能(组合、分时、分相、阶梯、有功、无功、需量、负荷等)、冻结功能(12个月冻结、3个日冻结等)、变量测量(实时电压、电流、功率等)、时区时段设置、阶梯电价设置、事件记录(失压、失流、欠压、断流、过流、电流不平衡、编程、清零等)、停电显示与抄表(停电后通过按键或遥控显示等)、费控功能(远程购电、远程停复电等,直接表60 A及以下自带内置开关,CT表60 A以上表不自带开关,输出控制信号)、其他(如背光、开盖记录、通信等)主要功能。

(2)电能表的铭牌含义

电能表的型号及铭牌符号的含义,从电能表的正面窗口中可看到铭牌上有一些文字和符号,看懂这些文字和符号代表的意思,对我们的使用有帮助。

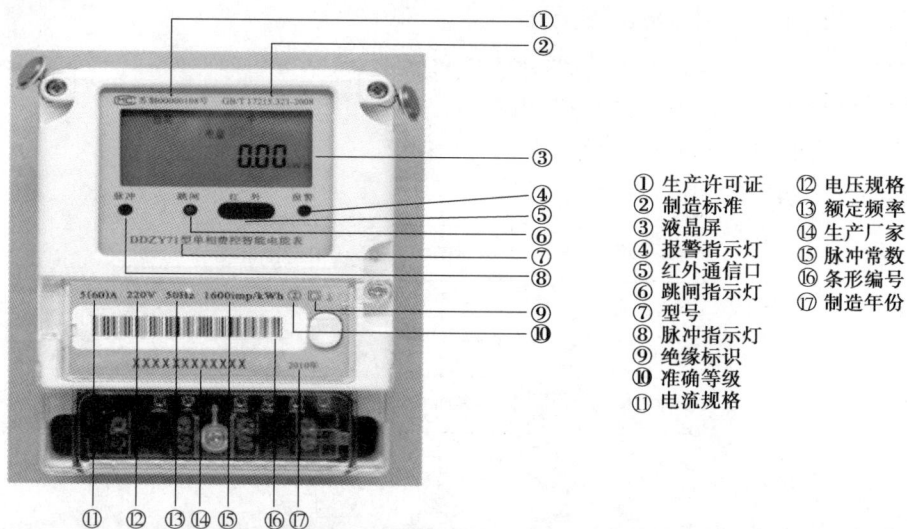

① 生产许可证	⑫ 电压规格
② 制造标准	⑬ 额定频率
③ 液晶屏	⑭ 生产厂家
④ 报警指示灯	⑮ 脉冲常数
⑤ 红外通信口	⑯ 条形编号
⑥ 跳闸指示灯	⑰ 制造年份
⑦ 型号	
⑧ 脉冲指示灯	
⑨ 绝缘标识	
⑩ 准确等级	
⑪ 电流规格	

图 1.7　DDZY71 单相远程费控智能电能表的外形图

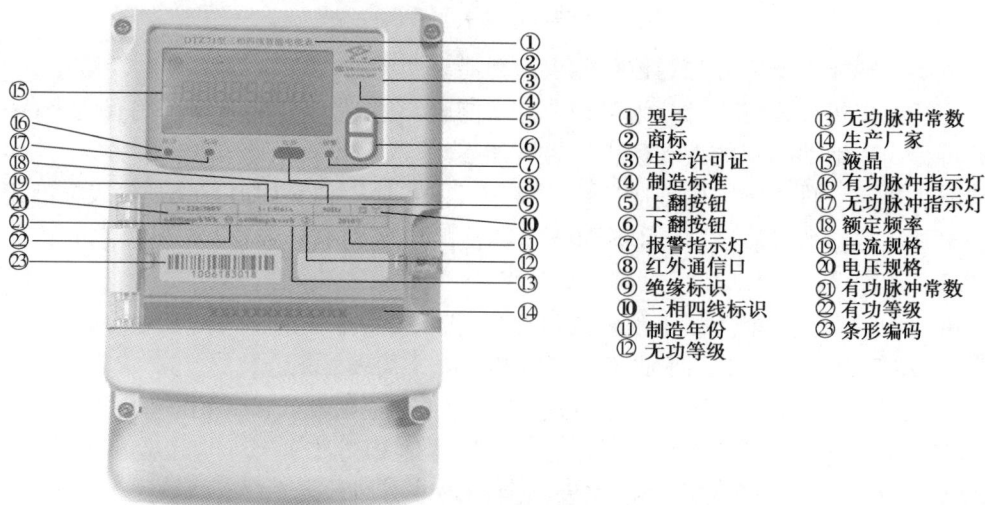

① 型号	⑬ 无功脉冲常数
② 商标	⑭ 生产厂家
③ 生产许可证	⑮ 液晶
④ 制造标准	⑯ 有功脉冲指示灯
⑤ 上翻按钮	⑰ 无功脉冲指示灯
⑥ 下翻按钮	⑱ 额定频率
⑦ 报警指示灯	⑲ 电流规格
⑧ 红外通信口	⑳ 电压规格
⑨ 绝缘标识	㉑ 有功脉冲常数
⑩ 三相四线标识	㉒ 有功等级
⑪ 制造年份	㉓ 条形编码
⑫ 无功等级	

图 1.8　DTZ71 三相四线智能电能表的外形图

　　按规定铭牌上须注明的内容为:电能表名称与型号、计量单位、线数相数、基本电流和最大额定电流、参比电压、参比频率、准确度等级、电能表常数、电能表中文名称、制造标准、计量许可证标志(CMC 电能表是计量产品,必须具有国家技术监督局颁发的计量产品制造许可证才能合法生产)、使用范围、转动方向、制造厂家、出厂编号、商标等。根据目前订货要求,均要求有条形码等。

　　铭牌上各标志的含义分别说明如下:

　　①计量单位名称或符号。有功电能表为"瓦·时"或"W·h";无功电能表为"伏·安"或"V·A"。

②计度器窗口,整数位和小数位中间有小数点。字轮式计度器的窗口,整数位和小数位用不同颜色区分,中间有小数点;若无小数点位,窗口各字轮均有倍乘系数,如×100,×10,×1 等。

③电能表的名称及型号。电能表型号是用字母和数字的排列来表示的,内容如下:

类别代号+组别代号+功能代号+设计序号+派生号。

类别代号:D 为电能表。

组别代号表示相线:D 为单相;S 为三相三线;T 为三相四线。

功能代号表示用途的分类:D 为多功能;S 为全电子式;X 为无功;J 为直流;Y 为预付费;F 为复费率等;预付费电能表又称为定量电能表、IC 卡电能表,除了具有普通电能表的计量功能外,特别的是用户先买电,买电后才能用电,若用完电后用户不继续买电,则自动切断电源停止供电。预付费电能表常见的预存方法有两种:一种为代码式,一种为写卡式。复费率电表有效地实现分段计费、分时计费,优化用电效率,采用尖、峰、平、谷不同电价分开计费。直流电能表是针对直流屏、太阳能供电、电信基站、地铁等应用场合而设计的,该系列仪表可测量直流系统中的电压、电流、功率、正向与反向电能,既可用于本地显示,又能与工控设备、计算机连接,组成测控系统。

设计序号用阿拉伯数字表示,每个制造厂的设计序号不同,如长纱希麦特电子科技发展有限公司设计生产的电能表产品备案的序列号为 971,正泰公司的序列号为 666 等。

派生号有以下几种表示方法:T 为湿热、干燥两用;TH 为湿热带用;TA 为干热带用;G 为高原用;H 为船用;F 为化工防腐用等。

我国对电能表型号的表示方法规定见表 1.1。

表 1.1　电能表型号的表示方法

类别代号	组别代号	结构代号	功能代号	注册号（设计序号）	通信方式代号或辅助说明（字母或数字）
D-电能表	D-单相	S-全电子式	Y-预付费	（厂家代号）	（附加标注）
	S-三相三线		F-复费率		Z-载波
	T-三相四线		D-多功能		G-无线
	B-标准电能表		Z-智能		S-视频卡
			X-无功电能		C-CPU 卡

综合上面几点:

DD——单相电能表,如 DD971 型、DD862 型。

DS——三相三线有功电能表,如 DS862、DS971 型。

DT——三相四线有功电能表,如 DT862、DT971 型。

DX——无功电能表,如 DX971、DX864 型。

DDS——单相电子式电能表,如 DDS971 型。

DTS——三相四线电子式有功电能表,如 DTS971 型。

DDSY——单相电子式预付费电能表,如 DDSY971 型。

DTSF——三相四线电子式复费率有功电能表,如 DTSF971 型。

DSSD——三相三线电子式多功能电能表,如 DSSD971 型。

DDZY——单相远程费控智能电能表,如 DDZY71 型。

DTZ——三相四线智能电能表,如 DTZ71 型。

④基本电流和额定最大电流。基本电流是确定电能表有关特性的电流值,额定最大电流是仪表能满足其制造标准规定的准确度的最大电流值。我国采用 220 V 的电压制式,交流电的频率是 50 Hz,应特别关注标识的电流值:基本电流用 I_b 表示,最大电流用 I_{max} 表示,如 5(20)A,即电能表的基本电流为 5 A,最大电流为 20 A,对于三相电能表还应在前面乘以相数,如 3×5(20)A。超负荷用电是不安全的,是引发火灾的隐患。

⑤参比电压是确定电能表有关特性的电压值,以 U_n 表示。对于单相电能表以电压线路接线端上的电压表示,如 220 V;对于三相三线电能表以相数乘以线电压表示,如 3×100 V;对于三相四线电能表以相数乘以相电压/线电压表示,如 3×220/380 V。

⑥参比频率是确定电能表有关特性的频率值,以赫兹(Hz)为单位,我国电力线路的频率值一般为 50 Hz。

⑦电能表常数是电能表记录的电能和相应的转数或脉冲数之间关系的常数。有功电能表以 r(imp)/kW·h 表示,无功电能表以 r(imp)/kvar·h 表示,如 $c = 720$ r/kW·h,说明转盘转了 720 转,计度器的指示数增加了 1 kW·h。

⑧准确度等级,铭牌圆圈中的数字表示。铭牌上标有的①或②的标志,①代表电能表的准确度为 1.0,或称 1 级表;②代表电能表的准确度为 2.0,或称 2 级表。无标志时,单相电能表视为 2.0 级。电能表按准确度等级可分为普通安装式电能表《0.2、0.5、1.0、2.0、3.0 级》和携带式精密电能表《0.01、0.02、0.05、0.1、0.2 级》。家庭常用的是 2.0 级。

⑨耐受环境条件的能力分为 P、S、A、B 四组。

⑩条形码是由一组黑白相间的条纹组成的标志。它能将电能表铭牌上的所有信息按照一定的规律设置成一组条形码,通过条形码扫描器可将电能表信息输入计算机,由计算机自动建立每只电能表的档案卡片,可以摆脱落后的手工卡片式电能表管理,不仅提高了效率,还降低了出错率。

⑪制造标准一般为国家标准,铭牌上还标有产品采用的标准代号。

⑫制造厂家的名称及编号。

⑬制造年份。

微课 单相电能表的原理接线

1.1.2　单相电能表的原理接线

通过前面内容的学习可知,要单相电能表正确计量单相负载的电能,就必须使负载电流通过电能表的电流元件、使负载电压加于电能表的电压元件两端,即使电流元件与负载串联、电压元件与负载并联。这就要求我们必须能对单相电能表进行正确接线。

图 1.9 是单相电能表常用的"一进一出"排列的直接接入式接线方式。

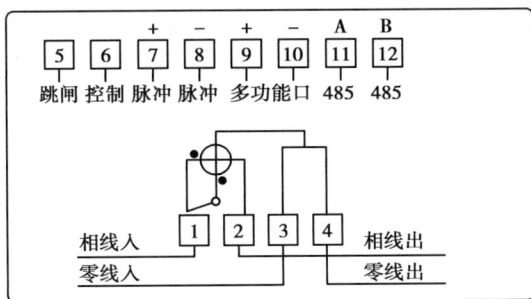

图 1.9　单相电能表直接接入式接线方式

图 1.9 中电能表的图形符号是一个含有十字图形的圆,一般将该十字图形的水平线代表电能表的电流元件,将竖直线代表电能表的电压元件,两个元件各有一个端子标有圆点(或"﹡"),为极性端或同名端。电流元件的极性端、非极性端分别与电能表端钮盒中的 1、2 接线端连接;电压元件的极性端可通过连片(称电压连片)与端钮盒中的 1 接线端相连,电压元件的非极性端与端钮盒中的 3、4 接线端相连,显然 3、4 端在表内是相连的,属于同一个端子。将电源侧的相线(俗称火线)接入端钮盒第 1 孔接线端子上,其出线接在端钮盒第 2 孔接线端子上;将电源侧的中性线(俗称零线)接入端钮盒第 3 孔接线端子上,其出线接在端钮盒第 4 孔接线端子上,并将电压连片与 1 端可靠连接,即可保证单相电能表"一进一出"式接线相电能表能够正确计量其单相负载的电能。

【思考与练习】

1. 电能表的类型有哪些?
2. 电能表的铭牌一般包含哪些内容?
3. 全电子式电能表的主要结构部件有哪些? 它们各有哪些优点?
4. 简述电子式电能表具有的特点。
5. 单相智能电能表的工作原理是什么?
6. 智能电能表的功能有哪些?
7. 低压单相电能表的接线顺序是怎样的?

任务 1.2　低压三相四线电能表的安装接线

【教学目标】

● 知识目标

1. 熟悉电能表的相关参数。

2. 熟悉电流互感器的作用、接线方式、注意事项和相关参数。

3. 掌握低压三相四线电能表的安装操作流程、工艺质量要求及验收标准。

4. 了解《电能计量装置安装接线规则》(DL/T 825—2002)、《电能计量装置技术管理规程》(DL/T 448—2016)。

● 能力目标

1. 能正确使用电工工具及测量工具。

2. 能看懂低压三相四线电能表经电流互感器的安装接线图。

3. 能注意二次回路的接线工艺要求。

4. 能按照《国家电网公司计量标准化作业指导书》正确安装低压三相四线电能表。

● 态度目标

1. 能主动学习,在完成任务过程中发现问题、分析问题和解决问题。

2. 能与小组成员协商、交流配合完成本次学习任务,养成分工合作的团队意识。

3. 严格遵守安全规范,爱岗敬业、勤奋工作。

【任务描述】

按照《电能计量装置安装接线规则》(DL/T 825—2002)、《电能计量装置技术管理规程》(DL/T 448—2016)、《国家电网公司计量标准化作业指导书》正确安装低压三相四线电能表。

【任务准备】

1. 认真学习《电能表现场安装标准化作业指导书》及预习教材中的相关知识等内容,完成老师布置的书面作业。

2. 指导老师在多媒体教室(或一体化教室)了解学生的预习情况、解答疑问及交代注意事项,特别是安全注意事项。

【任务实施】

1.按照任务指导书实施任务。

任务指导书

工作任务	低压三相四线电能表经电流互感器的安装接线		学　时	6
姓　名		学　号　　　　班　级	日　期	

任务描述:按照《电能计量装置安装接线规则》(DL/T 825—2002)的要求完成低压三相四线电能表经电流互感器的安装接线。

一、工作前准备

(一)准备工作安排

1.根据工作任务要求,确定工作内容。组织工作人员学习作业指导书,使全体工作人员熟悉工作内容、进度要求、作业标准、安全注意事项。由工作负责人监督检查。

2.了解现场作业环境条件,分析可能遇到的问题,提出有效的预防措施。

3.测量仪表和安全工器具经过定期检验且合格。

4.携带的工具和材料能够满足安装作业的需求。

5.填写工作票或派工单,内容清楚、工作任务和工作范围明确。

(二)准备好下列工具及材料

1.低压三相四线智能电能表、采集终端。

2.计量箱。

3.单芯铜质绝缘线(黄、绿、红、黑颜色 2.5 mm^2 及 4 mm^2)若干米。

4.安装工具一套(活动扳手、平口螺丝刀、十字螺丝刀、剥线钳、尖嘴钳、电工刀等)。

二、现场作业步骤及标准

按照安装接线图 1.10 将电能表及采集终端装接在计量箱内。

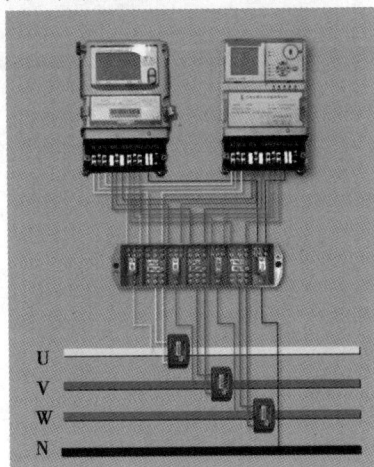

图 1.10　低压三相四线电能表经电流互感器的安装接线图

续表

> 1.排列进户线导线,垂直、水平方向的相对距离达到安装标准,良好固定,要求固定后外形横平竖直。导线加装 PVC 管(或槽板),进出线不能同管。
>
> 2.检查导线外观无松股,绝缘无破损,导线连接头、分流线夹无金属面裸露。
>
> 3.安装低压带电流互感器的计量装置,必须在互感器前端有明显的断开点(刀闸或保险),要求所有互感器安装排列极性方向一致,且便于维护,螺栓连接齐全紧固。
>
> 4.施工前,必须对安装互感器的前后端进行停电、验电,做好安全防范措施。将进相线接入低压电流互感器一次侧,电流进出方向应与电流互感器极性方向一致;如低压电流互感器为穿心式,则一次侧绕越匝数应一致,极性方向一致。
>
> 5.安装固定电能计量箱(或计量屏),计量箱内电能表安装高度为 1.8 ~ 2.2 m,计量屏内电能表安装高度不低于 0.8 m,表箱呈垂直、四方固定。将电能表固定在计量表箱(或计量屏)内,要求垂直牢固。
>
> 6.从电流互感器施放二次导线至计量箱(或计量屏)内的二次接线端子盒,要求接线正确。从二次接线端子盒施放二次导线至电能表端钮盒(火门),要求接线正确。严禁电压回路短路、接地,电流二次回路开路;相色标志正确、连接可靠,接触良好,配线整齐美观,导线无损伤绝缘良好。
>
> 三、作业后检查
>
> 1.检查电能表接线正确无误后,进行通电测量电压及相序,观察电表运转是否正常。
>
> 2.安装接电正常,抄录电能表相关参数,确认无误后,对电能表、互感器二次端子盖及计量箱(或计量屏)实施铅封,确认铅封完好。
>
> 3.请客户在工作单上履行确认签字手续。
>
> 四、清理施工现场
>
> 1.清理现场,保证计量箱内无工具、物件和其他杂物。
>
> 2.检查设备上无遗留工器具和导线、螺钉材料。
>
> 3.检查电能计量装置已至正常工作运行状态。
>
> 4.清点工具,清理工作现场。
>
> 5.检查工作单上的记录,严防遗漏项目。
>
> 6.负责人在工作记录上详细记录本次工作内容、工作结果和存在的问题等。
>
> 7.终结工作票(派工单)手续。
>
> 8.出具工作传单,请客户在工作单上履行确认签字手续。

2.危险点预防分析及安全措施见附录Ⅰ低压三相电能表安装作业指导书。

【实例】

本案例是某供电所人员为某村 100 kV · A 配电变压器装表接电的操作实例,也是低压三相四线电能表经电流互感器的现场安装实例。

本项工作分 4 个步骤:前期准备工作,现场准备工作,安装计量装置及验收、结束工作。

一、前期准备工作

（1）勘查现场

班组在接受工作任务后，先到现场勘察，确定安装方案，具体步骤如下：

①核查配电变压器容量。

②了解地形、线路布局、配变及其他设备架设安装情况。

③确定装箱位置及进、出线固定方案。

④绘制计量表箱安装示意图。

⑤认为条件具备时，可通知用户安装时间，以便配合。

（2）召开班前会

现场方案确定后，由班组长组织全体工作人员召开班前会，学习《电业安全工作规程》有关章节，分析本次工作的危险点，制订预控措施和两措计划，进行安全思想教育，并就安装方案进行讨论和分工。

（3）领取计量装置

①工作人员根据报装工作凭证领取电能表和电流互感器。

②领取时应详细检查表计是否完好，电流互感器是否和工作凭证相符，并办理资产卡移交。

③在电能表的运输过程中，应有可靠的防震、防尘措施。

由于此项工作是新客户装表接线，配电及低压线路、设备均不带电，故不办理工作票，但必须做必要的安全技术措施。

（4）准备工器具

该工作使用的工器具有压接钳、万用表、相序表、剥线钳、封表钳、封表线、备用螺丝、登高工具、小榔头、套筒扳手、各人工器具等。

二、现场准备工作

装表接电人员到达现场后，工作负责人首先向工作班成员交代工作任务、现场带电部位、安全技术措施及安装方案，并进行分工。

首先，工作人员应了解安全技术措施。配电变压器装表的安全措施如下：

①拉开配变低压刀闸。

②拉开配变高压丝具。（高压熔断器）

③在配变高压引线上挂接地线一组、在配变低压引线上挂接地线一组，保留的带电部位是配变高压丝具上桩头及以上线路带电。

针对现场实际情况需补充以下安全措施：

①核对线路名称及杆号。

②登杆前检查杆基及杆上情况。

③上杆后系好安全带。

④扶好梯子注意防滑。

工作人员在明确自己的任务及责任后,开始进行现场准备工作:

①检查工器具、材料,并连接临时电源。

②在配电变压器高压侧引线处验电。

③验明确无电压后,在配电变压器高压侧引线处挂接地线一组。挂接地线时应先打接地端,后挂导线端。上述操作均应戴绝缘手套。

④在配变低压侧验电,验明确无电压后,在配变低压侧挂短路接地线一组。

三、安装计量装置

微课 低压三相经互感器接入式电能表安装(声)

安装计量装置的具体步骤为:

(1)固定表箱

在变压器台架上固定表箱。

(2)固定计量设备

固定电能表、电流互感器及刀闸。电能表应水平垂直固定。

(3)布二次线

①二次线电压线截面不得小于 2.5 mm^2,电流线截面不得小于 4 mm^2。

②应准确截取二次引线的各段长度,在各条导线两端分别套上相应的线头号。

③布二次线时,布线要横平竖直,排列要紧凑,拐弯处应有一定的自然弧度,导线排列从左向右或者从上而下的布线顺序为:黄、绿、红、黑分别与 U、V、W、N 相对应。

④剥线应使用专用工具,不得损伤导线。

⑤导线与计量装置接线处不允许有裸露,中间不得有接头。

⑥做电流互感器接线时,弯环要平圆,大小适宜,且应顺时针方向弯环,环头与主线间隙不得大于 2 mm。

(4)安装变压器低压侧一次设备及引线

①安装一次设备及引线时,首先应准确截取各段引线的长度,压接线鼻,将其穿入 PVC 管并可靠固定。

②将一次导线穿入电流互感器,使导线与低压隔离刀闸紧密连接。

③电流互感器一次导线与刀闸可靠连接后,工作人员到配电箱另一侧安装低压负荷开关及引线,安装设备线夹,使导线与变压器桩头可靠连接。

④一次引线接点要牢固、紧密、可靠,铜铝连接时要采取铜铝过渡措施,引线应有一定余度,管内穿线总截面积不大于管内面积的 40%。

四、验收、结束工作

（1）检查

工作人员安装完毕后，按工作分工各自进行检查并清理现场。

（2）验收

工作负责人对新装计量装置进行全面验收，检查有无遗留物。例如，班组成员："报告工作负责人，装表工作已结束，现场清理完毕无遗留物。"

班组长："好，下面拆除接地线，送电后，进行试验。"

（3）送电

①拆除短路接地线：应先拆导线端，后拆接地端。

②拆除低压短路接地线。

③拆除完短路接地线后进行送电：先合上高压跌落式熔断器，再合上低压户外式隔离开关，然后合上低压刀闸，最后合上低压负荷开关。

（4）试验

①送电后，首先测量电能表相序。

②检查表计运转是否正常，检查时电能表转盘至少转动两周以上。

③确认无误后，填写工作凭证，登记新电能表有关内容。

（5）结束工作

装表工作已结束后，请客户检查并提出宝贵意见。例如，班组长："侯村长（客户），装表工作已结束，请您检查并提出宝贵意见。"

客户："好的。"

客户检查认可后，签字。

待客户签完字，工作人员封表、锁箱，清理现场，本次工作全部结束。

【相关知识】

微课　安装工艺－
弯头制作

1.2.1　计量用互感器

（1）电流互感器的作用

电力系统用于测量的电流互感器，其作用主要体现在以下 3 个方面。

①电流互感器可将电网一次大电流按比例变换为二次小电流,以便实现对大电流的测量等。

②电流互感器采用标准化输出量:输出为 5 A、1 A,可使测量仪表的量程统一为简单的几种,并可使仪表小型化、标准化,便于生产和使用。

③电流互感器具有对变换前后电路隔离的结构,加上可靠的绝缘性能,能够保证测量仪表与测试人员的安全。高压电流互感器二次绕组一点接地是安全保障的又一措施。

(2)电流互感器的基本知识

1)电磁式电流互感器的结构

目前我国生产的电流互感器主要是电磁式电流互感器,它的结构与变压器一样由绕组(即一次绕组和二次绕组)、铁芯和绝缘等构成。绕组与绕组之间、绕组与铁芯之间用绝缘隔开。图 1.11 为电流互感器的结构原理图及电路符号。

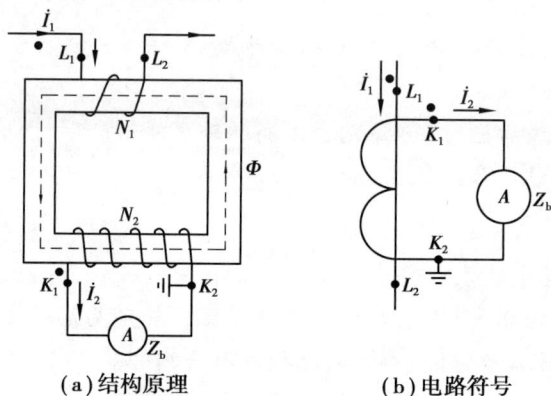

(a)结构原理   (b)电路符号

图 1.11 电流互感器的结构原理图及电路符号

2)电磁式电流互感器的分类及铭牌标志

①分类。按一次绕组主绝缘的不同,电流互感器可分为干式、树脂浇注式、油浸式和 SF_6 气体绝缘式等,其结构有很大的不同。

图 1.12 为 LMZ1-0.5 型不饱和树脂浇注式结构的电流互感器。

②铭牌标志。电力系统中的电流互感器,其铭牌应包括以下内容:

a.名称、型号和编号。

b.额定频率、额定电压及设备最高电压。

c.额定电流,以额定电流变比表示,即初级额定电流/次级额定电流(5 A 或 1 A)。若初级绕组分为数段绕制,通过串并联得到几种电流变比,则段数×每段初级额定电流/次级额定电流,例如 2×1200/1 A。若次级绕组有抽头,分别标出每对次级端子及其对应的电流变比,例如 S1-S2:200/5 A;S1-S2:300/5 A,此处的次级端 S 相当于原来的 K。

d.额定输出功率(额定二次容量)、准确度等级和其他性能数据。对于多个次级绕组的电流互感器,应标出每一次级绕组的用途、准确度等级及输出功率。

e.额定动稳定电流峰值和额定短时热电流。

f.额定绝缘水平、绝缘耐热等级(A 级绝缘不标出)。

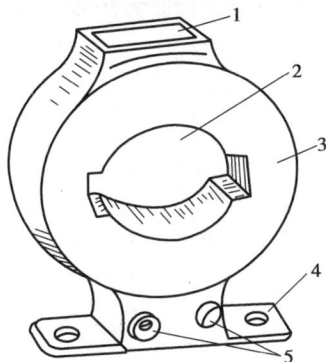

图 1.12　LMZ1-0.5 型不饱和树脂浇注式结构电流互感器

1—铭牌;2——一次母线穿孔;3—铁芯,外绕二次绕组,树脂浇注;

4—安装板;5—二次接线端子

g.若允许海拔高于 1 000 m 的地区使用,再标出允许海拔高度。

图 1.13 为 LMZ1D-SMS1 电流互感器的铭牌。

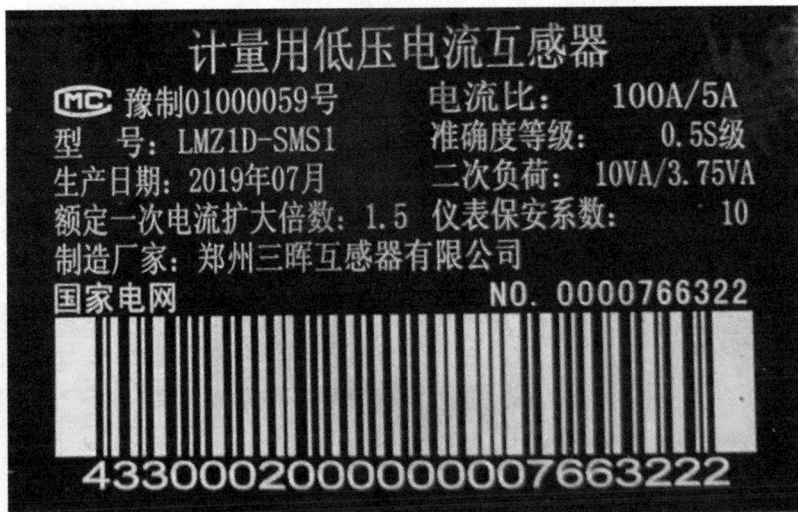

图 1.13　LMZ1D-SMS1 电流互感器的铭牌

③型号。TA 的型号一般表示为:

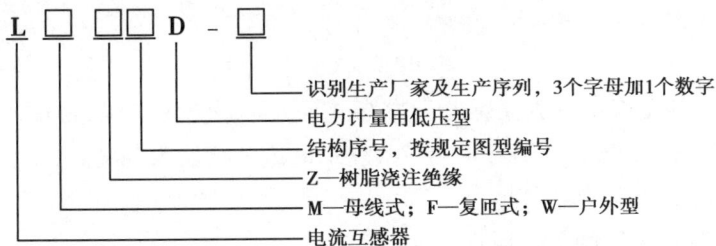

其中型号字母的含义和排列顺序见表 1.2。

表 1.2　电流互感器型号字母注释表

序　号	类　别	型号字母	注　释
1	名称	L	电流互感器
2	结构形式	R	套管式
		Z①	支柱式
		Q	线圈式
		F	贯穿式(复匝)
		D	贯穿式(单匝)
		M	贯穿式(母线型)
		K	开合式
		V	倒立式
3	绕组外绝缘介质	—	变压器油
		G	空气(干式)
		Q	气体
		C②	瓷
		Z	浇注成固体形
		K	绝缘壳
4	继电保护功能③	P	带有保护级
		TP	带有暂态保护级
5	特殊环境地区	GY	高原地区用
		W	污染地区用
		TA	干热带地区用
		TH	湿热带地区用

注:①用瓷箱做支柱时,不表示。

②主绝缘为瓷绝缘表示,外绝缘为瓷箱式时不表示。

③有些电流互感器用 B 和 BT 表示。

例如,LFZB5-10 型表示电流互感器为贯穿式(复匝),浇注绝缘,带保护级,第 5 次改型设计,额定电压 10 kV。又如,LB1-330 GY 型表示电流互感器为油浸式,带保护级,第 1 次设计,额定电压 330 kV,高原地区用。

3)电磁式电流互感器的工作原理

电磁式电流互感器的工作原理相当于升压变压器的工作原理,因为升压变压器将电压升高的同时也将电流减小了。与变压器不同的是电流互感器一次绕组是串联在被测电路中的;二次绕组外部回路串接测量仪表、继电保护和自动装置等二次设备,由于各类阻抗都很小,正常运行时二次接近短路。

如图 1.11(a)所示,当一次绕组中流过电流 $\dot{I}_1$ 时,由于电磁感应,在二次绕组中就会感应出电势 $\dot{E}_2$,在二次绕组接通二次负荷的情况下,有二次电流 $\dot{I}_2$ 流过。根据变压器的工作原理,当电流 $\dot{I}_1$ 流过互感器匝数为 N_1 的一次绕组时,将建立一次磁势 $\dot{I}_1 N_1$。同理,二次电流 $\dot{I}_2$ 与二次绕组匝数 N_2 的乘积构成二次磁势 $\dot{I}_2 N_2$。

一次磁势与二次磁势的相量和即为励磁磁势

$$\dot{I}_1 N_1 + \dot{I}_2 N_2 = \dot{I}_0 N_1 \tag{1.1}$$

式(1.1)是电流互感器磁势平衡方程,$\dot{I}_0$ 为励磁电流。可见,一次磁势 $\dot{I}_1 N_1$ 包括两部分,其中很小一部分 $\dot{I}_0 N_1$ 用来励磁,用以产生主磁通 $\dot{\Phi}_0$,另外一大部分用来平衡二次磁势 $\dot{I}_2 N_2$,这部分磁势与二次磁势大小相等、方向相反。

当忽略励磁电流时,式(1.1)可简化为 $\dot{I}_1 N_1 = -\dot{I}_2 N_2$,若以额定值表示,则可写成 $\dot{I}_{1n} N_1 = -\dot{I}_{2n} N_2$,即

$$K_I = \frac{I_{1n}}{I_{2n}} \approx \frac{N_2}{N_1} \tag{1.2}$$

式(1.2)中 K_I 称为电流互感器的变比(也是额定电流变比)。这就表明,当用电流表测出二次电流 I_2 再乘以变比 K_I 时,就能得到一次电流 I_1 的量值。

4)电流互感器的极性

我国的电流互感器一般采用减极性,如图 1.11(b)所示,如果从电流互感器一次绕组的一个端子与二次绕组的一个端子观察,电流 $\dot{I}_1$、$\dot{I}_2$ 的瞬时方向是相反的,也就是一次电流、二次电流瞬时分别从被观察的两个端子流入和流出,这样的极性关系称为减极性。凡符合减极性特性的相对应的一、二次侧端钮为同极性端,分别用 L1 和 K1 表示,而非极性端分别用 L2 和 K2 表示。

对多量限一次绕组带有抽头的电流互感器,极性端为 L1,以后依次为 L2、L3 等,二次绕组带有抽头时,极性端为 K1,以后依次为 K2、K3 等,如图 1.14 所示。

对于具有多个二次绕组的电流互感器,两个绕组分别绕在各自的铁芯上,分别在各个二次绕组的出线端标志"K"前加注数字,如 1K1、1K2、2K1、2K2 等,如图 1.15 所示。

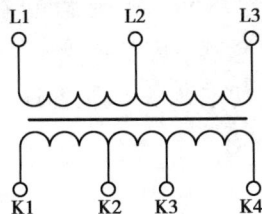

图 1.14　多抽头电流互感器　　　　图 1.15　多个二次绕组电流互感器

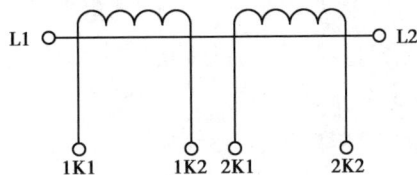

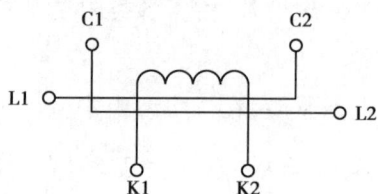

图 1.16 一次分段电流互感器

对于一次绕组分为两段,可串联或并联后改变电流比的电流互感器,一次绕组的首端标以 L1,中间出线端子用 C1、C2 标注,出线端仍标为 L2,二次绕组两端仍分别标以 K1、K2,如图 1.16 所示。

电流互感器使用时应注意,互感器一次侧以哪一端作为极性端是变化的,一旦一次绕组极性端确定后,二次绕组必须以对应端为表计极性端。如电流互感器以 L1 作为一次侧极性端,则二次侧应以 K1 作为表计的极性端。

字母"L""K"常见标注用在室内校验的标准电流互感器上,目前现场安装的电流互感器一般用字母"P"代替"L"、字母"S"代替"K"分别标注一次端和二次端。

电流互感器的变比在铭牌上有明确的标示,但对穿心式单相低压电流互感器,其变比随着穿心的匝数不同而发生变化。从电流互感器的原理可知,一次和二次安匝数是相等的,即 $I_1 N_1 = I_2 N_2$,则 $I_1/I_2 = N_2/N_1$。由于额定二次电流和 N_2 是不变的,当 N_1 每增加一倍时,I_1 减小一半,即穿心匝数越多,变比越小。例如,一台穿心 1 匝的电流互感器变比为 600 A/5 A,穿心 2 匝的变比为 300 A/5 A,穿心 3 匝的变比为 200 A/5 A,穿心 4 匝的变比为 150 A/5 A,穿心 5 匝的变比为 120 A/5 A。

5)电流互感器的技术参数

①额定电压:指一次绕组与地(或与二次回路)之间的绝缘电压。应与被测线路电压等级相适应。电流互感器的额定电压有 0.5、3、6、10、35、110 kV 等。

②额定电流:指电流互感器长期正常运行的最大电流。一次额定电流有 50、75、100、150、1 000、10 000、15 000、25 000 A 等。二次额定电流 I_{2e} 一般为 5 A,用于 330 kV 及以上电网时 I_{2e} 为 1 A。

③准确度等级:指电流互感器在规定的二次负荷允许范围内,一次电流为额定值时的最大误差极限。电流互感器的准确度等级有 0.01、0.02、0.05、0.1、0.2、0.5、1.0、3.0、10.0 级,其中 0.1 级及以上的为标准互感器用于实验室和标准仪器中;0.2(0.2S)、0.5(0.5S)级用于现场电能计量;1.0 级及以下用于监测电流、功率、功率因数和继电保护装置中。S 级电流互感器在 1%～120% 的额定电流范围内都能准确计量。

④额定负荷:指在保证准确度等级的情况下,二次所接电流线圈、测量仪表总阻抗的额定值 Z_{2e}。计量专用电流互感器额定负荷一般有 10 V·A 和 15 V·A 两种规格。对于二次额定电流 5 A 的计量专用或电力用电流互感器下限负荷为 3.75 V·A(额定负荷功率因素为 0.8 L),对于二次额定电流 1 A 的计量专用或电力用电流互感器下限负荷为 1 V·A。

⑤额定容量:指 I_{2e} 通过额定二次负荷 Z_{2e} 所需要的视在功率 S_{2e}。额定容量有 2.5、5、10、15 和 20 V·A 等规格。

6)电流互感器的接线方式

①分相接线。图 1.17(a)和图 1.17(b)为两相和三相的分相接法。在三相四线系统中也可采用类似的分相接法,采用分相接线虽然会增加二次回路的电缆芯数,但可减少错误接

线的概率,提高测量的可靠性和准确度,并给现场检验电能表和检查错误接线带来方便,是接线方式的首选。在 DL/T 448—2016 中将这种接线方式作为标准的接线方式。

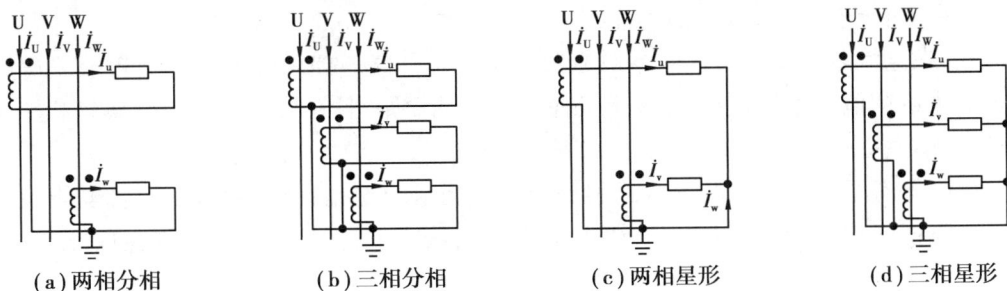

（a）两相分相　　（b）三相分相　　（c）两相星形　　（d）三相星形

图 1.17　电流互感器的接线方式

②两相星形接线又称为不完全星形接线,如图 1.17(c)所示。它由两只完全相同的电流互感器构成。这种接线方式是根据三相交流电路中三相电流之和为零的原理构成的。因为一次电流 $\dot{I}_u+\dot{I}_v+\dot{I}_w=0$,则 $\dot{I}_v=-(\dot{I}_u+\dot{I}_w)$。所以,二次侧 V 相电流为 $\dot{I}_v=-(\dot{I}_u+\dot{I}_w)$,且方向是从接地点沿公共线流向负载。

两相星形接线方式的优点:在减少二次电缆芯数的情况下,取得了第三相(常为 V 相)电流。缺点:由于只有两只电流互感器,当其中一点相性接反时,则公共线中的电流变为其他两相电流的相量差,造成错误计量,且错误接线的概率较大;会给现场单相法校验电能表带来困难。

两相星形接线主要用于小电流接地的三相三线系统。

③三相星形接线又称为完全星形接线,如图 1.17(d)所示。它由 3 只完全相同的电流互感器构成。此种接线方式适用于高压大电流接地系统、发电机二次回路、低压三相四线制电路。采用此种接线方式时,二次回路的电缆芯数较少。但由于二次绕组流过的电流分别为 I_u、I_v、I_w,当三相负载不平衡时,则公共线中有电流 I_n 流过。若总公共线断开就会产生计量误差,因此公共线是不允许断开的。

7)使用电流互感器的注意事项

①极性连接要正确。电流互感器的极性一般是按减极性标注的。接线时如果极性连接不正确,不仅会造成计量错误,而且当同一线路有多个电流互感器并联时还可能造成短路故障。

②二次回路应设保护性接地点。为防止电流互感器一、二次绕组之间绝缘击穿时高电压窜入低压侧危及人身安全和损坏仪表,其二次回路应设置保护性接地点,且接地点只有一个,一般是经靠近电流互感器端子箱内的接地端子接地。

③运行中二次绕组不允许开路。正常工作时,电流互感器铁芯中工作磁通密度不大,二次绕组电动势也不大。当二次绕组开路时二次电流 $I_2=0$,这时 I_2 的去磁作用消失,一次电流 I_1 全部用于激磁,使铁芯中的磁感应强度和磁通密度急剧增加而达到饱和状态。在开路的情况下,当 I_1 为额定电流时,铁芯中的磁通密度将很高,这样会在二次侧感应很高的电压,可达几千伏甚至更高,由此产生的严重后果有:

a.二次侧出现高电压,危及人身和仪表的安全。

b.铁芯内磁通密度增加、铁芯损耗增加而造成严重发热,可能烧坏互感器。

c.在铁芯中产生剩磁,使电流互感器的误差增大。

因此,在电流互感器使用中应绝对避免二次绕组开路。如果需要校验或拆换二次回路中的电能表或其他仪表时,应先将电流互感器二次侧短路,且在接线时注意将螺丝和端钮拧紧以避免断开。

④对于具有两个及以上的铁芯共用一个一次绕组的电流互感器来说,要将电能表接于准确度较高的二次绕组上。同时该绕组不应再接入非电能计量用的其他装置,以防互相影响。

1.2.2　三相四线有功电能表测量原理

三相四线有功电能表是由三组测量元件组合而成的。三相四线电路的总电能等于 U、V、W 三相电路电能之和。所以不论三相电压或三相电流是否对称,均可采用"三元件"型电能表,按每个元件计量一相的原则将电能表的三组测量元件接入三相四线电路,如图 1.18 所示。

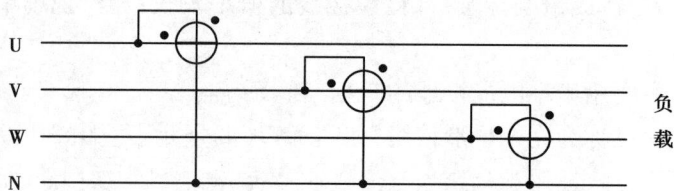

图 1.18　三相四线有功电能表接线原则

1.2.3　三相四线有功电能表的正确接线

微课　接线检查
与送电

(1)直接接入式

图 1.19 为低压三相四线有功电能表直接接入式标准接线。

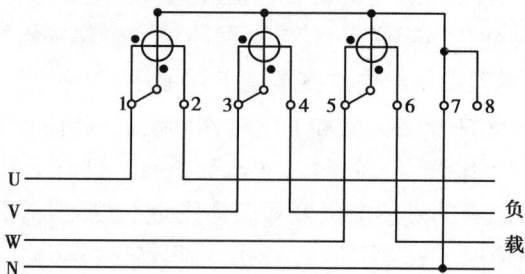

图 1.19　低压三相四线有功电能表直接接入式标准接线

接线说明：

①应按正相序接线。低压三相四线有功电能表直接接入被测电路时,有 7 个接线端,其中 1、2 端为 U 相线接入、接出端;3、4 端为 V 相线接入、接出端;5、6 端为 W 相线接入、接出端。3 个电压元件的极性端子通过电压连片分别与 1、3、5 端相连接,7 或 8 端通过导线与零线相连接。

②零线不能像单相表一样分别从 7 或 8 端"一进一出"。因为该零线在任何情况下不能断开。不得误将相线接入 7 或 8 端,否则电能表将承受线电压而损坏。

（2）**三相四线有功电能表经电流互感器接线**

对低压供电的用户,其负荷电流为 60 A 以上时,宜采用经电流互感器接入式,如图 1.20所示。

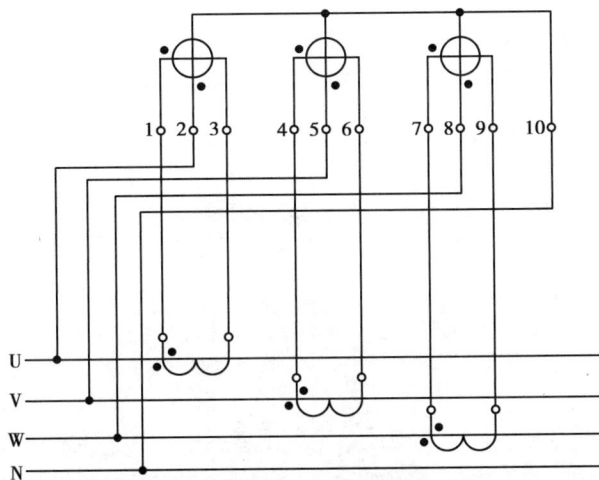

图 1.20　低压三相四线有功电能表经电流互感器接线

电流互感器额定二次电流一般都采用 5 A 和 1 A 两种,当额定电压为 330 kV 及以上时,选用 TA 的额定二次电流为 1 A,对应的电能表选择 0.3（1.2）A;当额定电压为其他电压等级时,选用 TA 的额定二次电流为 5 A,对应的电能表选择 1.5（6）A。

接线说明:低压三相四线有功电能表经电流互感器接入被测电路时,有 10 个接线端,其中 1、4、7 端分别连接 U、V、W 相电流互感器二次侧极性端,3、6、9 端分别连接 U、V、W 相电流互感器二次侧非极性端。2、5、8、10 4 个端子通过导线分别与 U、V、W 相线及零线相连。因为是低压,所以电流互感器二次侧不必接地。

【思考与练习】

1.计量用互感器的作用是什么?

2.电流互感器的技术参数有哪几项?

3.如何选择电流互感器?

4.运行中的电流互感器二次绕组为什么不允许开路?

任务 1.3　高压电能计量装置的安装

【教学目标】

- 知识目标

1.了解三相智能电表的测量原理及接线方式。

2.理解测量用电压互感器的作用、工作原理和接线方式。

3.了解电压互感器铭牌的含义。

4.理解联合接线盒的结构。

5.了解《电能表现场安装标准化作业指导书》的内容。

- 能力目标

1.能正确使用电工工具。

2.能查看接线图。

3.能掌握接线工艺。

4.能掌握高压三相三线电能表经电压、电流互感器的安装接线。

- 态度目标

1.能主动学习,在完成任务的过程中发现问题、分析问题和解决问题。

2.能与小组成员协商、交流配合完成本次学习任务,养成分工合作的团队意识。

3.严格遵守安全规范,爱岗敬业、勤奋工作。

【任务描述】

按照《电能计量装置安装接线规则》(DL/T 825—2002)的要求,在实训室完成高压三相三线电能表经电压、电流互感器的安装接线。

【任务准备】

课前预习电压互感器、电流互感器基础知识,初步了解三相三线电能表的测量原理及接线方式。

【任务实施】

1.按照任务指导书实施任务。

任务指导书

工作任务	高压电能计量装置的安装			学　时	6
姓　名		学　号	班　级	日　期	

　　任务描述:按照《电能计量装置安装接线规则》(DL/T 825—2002)的要求在实训室完成高压三相三线电能表经电压、电流互感器的安装接线。

一、工作前准备

(一)准备工作安排

1.根据工作任务要求,确定工作内容。组织工作人员学习作业指导书,使全体工作人员熟悉工作内容、进度要求、作业标准、安全注意事项。由工作负责人监督检查。

2.了解现场作业环境条件,分析可能遇到的问题,提出有效的预防措施。

3.测量仪表和安全工机具经过定期检验且合格。

4.携带的工具和材料能够满足安装作业的需求。

5.填写工作票或派工单,内容清楚、工作任务和工作范围明确。

(二)准备工具及材料

1.高压三相三线智能电能表 1 块。

2.计量箱或计量柜 1 个。

3.三相塑壳断路器 1 只、联合接线盒 1 个。

4.单芯铜质绝缘线(黄、绿、红、黑颜色 2.5 mm² 及 4 mm²)若干米。

5.安装工具一套(活动扳手、平口螺丝刀、十字螺丝刀、剥线钳、尖嘴钳、电工刀等)。

二、作业步骤及标准

按照图 1.21 在指导老师的指导下将电能表及互感器装接在计量柜(箱)内。

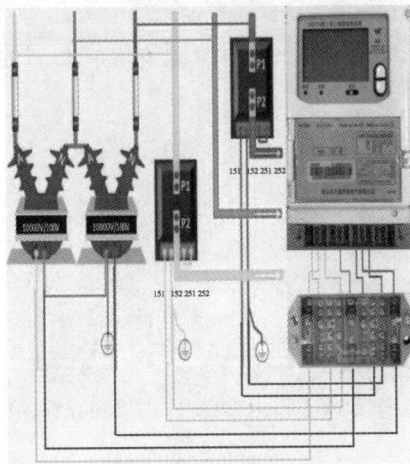

图 1.21　三相三线电能表经互感器安装图

续表

1.核对计量设备铭牌信息。根据装拆工作单核对客户信息,电能表、互感器铭牌内容和有效检验合格标志,防止因信息错误造成计量差错。

电能表的安装必须垂直牢固,表中心线向各方向的倾斜不大于 1°。室内电能表适合安装在 0.8~1.8 m 的高度,两只三相电能表相距的最小距离应大于 80 mm,电能表与屏边的最小距离应大于 40 mm。

2.安装互感器。电流互感器一次绕组与电源串联接入;电压互感器一次绕组与电源并联接入;同一组的电流、电压互感器应采用制造厂、型号、额定电流变比、准确度等级、二次容量均相同的互感器;电流互感器进线端极性符号应一致。

3.连接互感器侧二次回路导线。所有布线要求横平竖直。导线的转弯角应为 90°,弯线时严禁划伤导线绝缘。剪线时要量好尺寸,以免过短。线头(裸露部分)要留有足够长度。进表导体裸露部分必须全部插入接线盒内,并将端钮螺丝逐个拧紧。

4.安装电能表。检查确认计量柜(箱)完好,符合规范要求。根据计量柜(箱)接线图核对检查,确保接线正确、布线规范。安装电能表时,应把电能表牢固地固定在计量柜(箱)内,电能表显示屏应与观察窗对准。导线应连接牢固,螺栓拧紧,导线金属裸露部分应全部插入接线端钮内,不得有外露、压皮现象。计量柜(箱)内布线进出线应尽量同方向靠近,尽量减小电磁场对电能表产生影响。计量柜(箱)内布线应尽量远离电能表,尽量减小电磁场对电能表产生影响。

5.联合接线盒安装位置水平方向应对称,且便于试验接线操作。将联合接线盒内的电流短路连接片接至正常位置,电压、中性线连接片接至连接位置。联合接线盒的安装、导线的敷设及捆扎应符合规程要求。

6.正确选择电压二次导线及电流二次导线。二次导线应注意按相别分色安装。电流线采用六线制接线(即分相接线)。导线接头要有预留。

7.要注意节约导线,裁剪下的废弃导线每根不能超过 30 cm。

三、作业后检查

1.检查互感器安装牢固,一、二次侧连接的各处螺钉是否牢固,接触面应紧密,二次回路接线正确。

2.对电能表安装质量和接线进行检查,确保接线正确,工艺符合规范要求。

3.检查联合接线盒内连接片的位置,确保正确。

4.如现场暂时不具备通电检查条件,可先实施封印。

5.现场通电测量电压及相序,观察电表运转是否正常。

6.确认安装无误后,正确记录新装电能表各项读数,对电能表、计量柜(箱)、联合接线盒等进行加封,记录封印编号,并拍照留证。

7.请客户在工作单上履行确认签字手续。

四、清理施工现场

1.清理现场,保证计量箱内无工具、物件和其他杂物。

2.检查设备上无遗留工器具和导线、螺钉材料。

3.检查电能计量装置已至正常工作运行状态。

4.清点工具,清理工作现场。

5.检查工作单上的记录,严防遗漏项目。

6.负责人在工作记录上详细记录本次工作内容、工作结果和存在的问题等。

7.终结工作票(派工单)手续。

8.出具工作传单,请客户在工作单上履行确认签字手续。

2.危险点预防分析与安全措施见附录 2 高压电能计量装置装拆及验收标准化作业指导书。

【相关知识】

微课　计量用电
流互感器

1.3.1　三相智能电能表的结构、测量原理及接线

（1）智能电能表的作用原理

智能电能表采用了当今世界上最先进的电能表专用集成电路、永久保存信息的不挥发性存储器、标准 RS485 通信接口、红外通信、汉字大画面超扭曲宽温液晶显示、国际标准 IC卡等先进技术,采用了当代 SMT 电子装配新工艺,是按 IEC 标准制造的换代型电能表。

智能电能表实现了有功双向分时电能计量、需量计量、正弦式无功计量、功率因数计量、显示和远传实时电压、电流、功率、负载曲线等,且可按电力部门标准实现全部失压、失流、电压合格率记录、报警、显示功能,可有效杜绝窃电行为,从而满足对用户进行现代化科学管理的要求。该电能表可根据用户需求安装 GPRS 模块(内置或外配)、无线模块、GSM 模块,解决远程抄表通道,以扩展其功能。

1)工作原理

智能电能表利用电子电路/芯片来测量电能,其原理如图 1.22 所示。

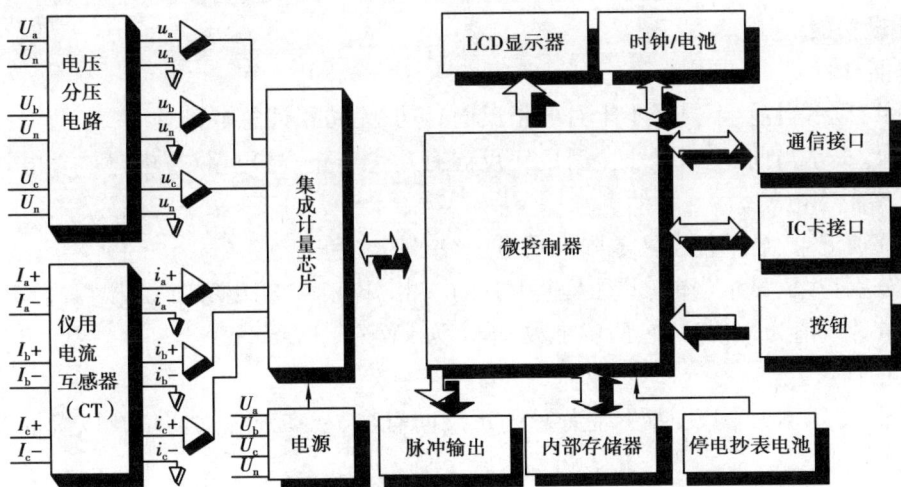

图 1.22　三相智能电能表工作原理(以三相四线表为例)

智能电能表利用分流器或电流互感器将电流信号变成可用于电子测量的小信号,用分压电阻或电压互感器将电压信号变成可用于电子测量的小信号,再利用专用的电能测量芯

片将来自电压互感器、电流互感器的模拟信号转换成数字信号,并对其进行数字积分运算,然后输出频率与电能成正比的脉冲信号,脉冲信号被送到微计算机处理后进行液晶显示。

2)功能简介

①电能表的线路设计和元器件的选择以较大的环境允许误差为依据,因此可保证整机长期稳定工作;精度基本不受频率、温度、电压变化的影响;整机体积小,质量小,密封性能好,可靠性较其他同类产品有明显提高。

②当电网停电后,锂电池作为后备电源,提供停电后表内电量的显示读取,并保证内部数据不丢失,日历、时钟、时段程序控制功能正常运行,来电后自动投入运行。在电能表端钮盒上设置有光电耦合脉冲输出接口,以便进行误差测试和数据采集。

③电能表运行信息可由手持电脑、RS485接口、国际标准 IC 卡 3 种媒介传输,电力部门可根据本地区具体情况自行选择一种或多种传输方式。

④为方便用户现场更换电能表,使用表中特有的复印功能,可以方便地将被更换表的所有信息复印至更换后的电能表上,安全可靠,简化了用户更换电能表的工作程序,提高了工作效率。

⑤电能表适合的环境温度为−25~60 ℃,相对湿度不超过 85%的地区。

3)规格和主要技术参数(表 1.3)

表 1.3 智能电能表的规格

精　度	额定电压/V	额定电流/A
有功 0.5 s/1.0	3×100	0.3(1.2)、1.5(6)、3(6)、
无功 2.0	3×380	5(20)、10(40)、20(80)、30(100)

4)计量功能

①电能计量。

a.记录、显示当前、上月及上上月的正反向有功、无功累计总电量。

b.记录、显示当前、上月及上上月的正反向有功尖电量、峰电量、平电量。谷电量及用户要求的更多费率电量。

c.可分别记录、显示任意两象限无功电量绝对值之和。

d.可分别记录、显示当前、上月及上上月的 A 相、B 相、C 相正反向有功累计总电量。

e.电量计量值为六位整数、两位小数,单位为 kW·h、kvar·h。

②需量计量。

a.记录、显示本月、上月及上上月总的正反向有功、视在总最大需量及该需量出现的日期、时间。

b.记录本月、上月及上上月尖、峰、平、谷各时段的有功最大需量或用户提出的更多费率需量及该需量的出现日期和时间。

c.随机显示当前需量,真实反映当前负载状况。

d.电能表运行到预置抄表日零点(可设为 0~23 点),最大需量自动抄表后清零,也可由授权人手动抄表后清零。

e.需量计量值为两位整数,四位小数,单位为 kW、kV·A。

③电压、电流、功率计量。

a.实时显示 A、B、C 三相电压、电流值。

b.实时显示总、A、B、C 相有功、无功功率值。

c.可记录 36 天(整点记录,时间间隔可设为 1~100 min)负载曲线(A、B、C 相电压、电流和有功总功率),也可按用户要求增加记录天数。

④功率因数计量。

a.记录、显示本月、上月及上上月的平均功率因数值。

b.随机显示当前 15 min 的功率因数值。

5)失压、失流报警、显示、记录功能

①失压。当电流 $I \geq 5\% I_b$ 时,三相电压中任意一相(两相)失压或低于额定电压的 78%±2 V 时,电能表判定为故障失压,电能表声光报警、显示故障相别、该相失压累计时间(单位:h),连续失压超过 1 min,启动内部失压记录程序,记录本次失压相别、失压累计时间、失压累积次数及故障期间失压相的安培小时数与额定电压乘积所得电量;当失压电压恢复到额定电压的 85%±2 V 时撤除失压报警,恢复正常显示和计量。

当三相电压失压时,电能表无显示,此时若电能表有电流信号且 $I > 10\% I_b$ 时,电能表判定为故障失压,电能表记录本次失压相别、失压累计时间、失压累积次数;当电压恢复时可以显示以上记录。

②失流。当 DSSD22 型三相三线电能表同时满足:

实际电流不平衡率 =〔(最大相电流−最小相电流)/最大相电流〕×100% ≥ 不平衡电流
$$设定比值(用 b_{ph} 表示)$$

电流低限 =(任意相电流/I_n)×100% ≥ 设定比值(用 dL_d 表示)

式中 I_n 为互感器二次额定电流。

以上两条件满足时,电能表失流报警,同时记录失流次数、时间、故障电量等。当 b_{ph} 设置为 100% 时,不对失流进行考核。

③电压越限报警、显示、记录功能。可按月记录电能表总运行时间以及 A 相、B 相、C 相电压超越上限和下限时间。超限时电能表会声光报警。

④超负载报警功能。该电能表具有预置超负载报警功能。当电能表超过预置负载值 5 min 后,电能表声光报警提示用户尽快降负载。

⑤电网参数记录功能。电力部门可根据用户的用电情况,将用户的用电负载连续记录下来,画出负载曲线,以便于更合理地进行用电管理。由授权人设置月电网参数记录间隔时间(间隔时间可设定为 1~100 min)后,表计将自动对三相平均电压、电流和功率整点记录。当时间间隔设定为 60 min 时,记录时间为 36 天;当时间间隔设定为 30 min 时,记录时间为 18 天,以此类推,最小间隔时间为 1 min;电力部门也可按用户要求增加记录天数。

⑥事件记录功能。记录最近一次清零、最大需量清零、编程、最近 5 次失压事件出现和

恢复时间及最大需量清零次数和编程次数;也可按用户要求增加记录次数。

⑦远方编程、抄表功能。根据用户需要,电力部门可利用电能表中标准 RS485 接口和 6 路脉冲输出接口,通过负控端、市话网、移动通信网以及其他传输形式组成远方抄表管理系统,实现电力部门营业抄表、负载监控等远动控制、接口通信协议和数据结构符合《多功能电能表通信规约》(DL/T 645—2016)、《电力负荷控制系统数据传输规约》(DL 535—1993)(适用加装 GPRS 通信模块)标准;也可按用户要求制作其他形式的通信规约。

⑧停电抄表功能。在电网停电的情况下,按动#3 按键使液晶显示,即可实现停电抄表,也可按用户要求实现无接触式红外唤醒抄表。

⑨复印功能。该电能表具有独特设计的复印功能,轮换表时可用复印卡将旧表上所有的信息转换至新表上,方便电能表的编程和轮换。

⑩远方控制功能(仅适用于 GPRS 通信模块电能表)。该电能表通过 GPRS 移动通信网可对用户用电情况实施全天候的监测,当发现电能表任何不正常情况时,立即在系统界面上显示该电能表异常信息,促使供电部门进行检查,甚至输出 2 路控制信号实施远方控制报警、拉闸、断电等操作。

(2)测量原理

在三相三线电路中,通常采用"两表法"测量电路的功率。其测量原理如下:

三相三线电路中有

$$i_U + i_V + i_W = 0 \tag{1.3}$$

$$i_V = - i_U - i_W \tag{1.4}$$

将 $i_V = -i_U-i_W$ 代入三相功率 $p = u_U i_U + u_V i_V + u_W i_W$ 表达式中,得

$$p = (u_U - u_V)i_U + (u_W - u_V)i_W = u_{UV}i_U + u_{WV}i_W \tag{1.5}$$

所以可以用两块功率表,一块接 $u_{UV}i_U$,另一块接 $u_{WV}i_W$,所测功率之和便为三相总功率。同理可证明用两块功率表,一块接 $u_{UW}i_U$,另一块接 $u_{VW}i_V$;或一块接 $u_{VU}i_V$,另一块接 $u_{WU}i_W$,也可以测量三相总功率,即"两表法"测量三相三线电路的功率有 3 种接线方式,如图 1.23 所示。

因为电能表接线与功率表相同,该方法同样适用于测量三相电能,所以三相三线有功电能表是两元件的,当其测量接线按图 1.23 中的任意一种接线方式接入被测电路时,在三相三线有功电能表的计度器上可直接读出被测三相电路的总电能。我国生产的三相三线有功电能表均采用图 1.23(a)中的接线方式。

①原理接线。图 1.24 为高压三相三线电能表经 V/V 接线的电压互感器和两个电流互感器的接线。这是三相三线电能表常用的接线方式,用于计量中性点非直接接地高压三相三线系统中的有功电能。因为是高压,所以电流互感器二次侧必须接地。

接线说明:

a.高压三相三线有功电能表经电压、电流互感器接线多用于中性点非直接接地系统,如 10 kV、35 kV 系统。其中电压互感器采用两台单相按 V/V 接线方式接线;U、W 两相电流互感器采用分相接线方式。

(a)取U、W相电流

(b)取U、V相电流

(c)取V、W相电流

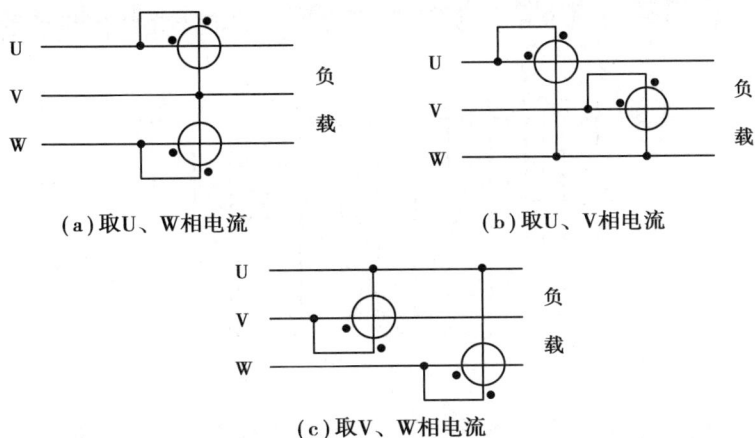

图1.23　三相三线有功电能表接线原则

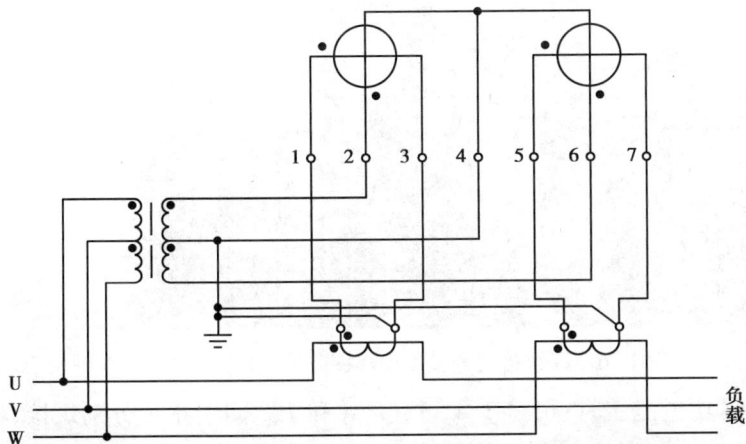

微课　三相四线电能表的原理接线

图1.24　高压三相三线电能表经电压、电流互感器接线

b.电能表有7个接线端,其中1、5端分别连接U、W两相电流互感器二次侧极性端,3、7端分别连接U、W相电流互感器二次侧非极性端。2、4、6 3个端子分别与电压互感器二次侧U、V、W相连接。

②三相三线有功电能表与互感器二次回路通过联合接线盒接线。电能表的联合接线是指在电流互感器或电流、电压互感器二次回路中同时接入电能表以及其他有关测量仪表(失压记录表、最大需量表等)。联合接线盒的作用:可以实现带负荷现场校表及带负荷现场换表。

联合接线盒的原理图如图1.25所示,1、5、9、13端分别为U、V、W、N电压接线端子排;2、3、4端为U相电流接线端子排;6、7、8端为V相电流接线端子排;10、11、12端为W相电流接线端子排。联合接线盒实图正反面如图1.26所示。

当现场校三相三线有功电能表时,一般是采用标准电能表法。可先将标准表的U、W相电流元件分别接于2、3短路片间和6、7短路片间(注意标准表极性),然后将两个短路片断开,标准表的U、W相电流元件便分别与被校表U、W相电流元件串联了。再将标准表的U、

V、W 3 个电压端子连接到 1、5、9 电压接线端,则标准表的电压元件便与被校表的相应电压元件并联了。

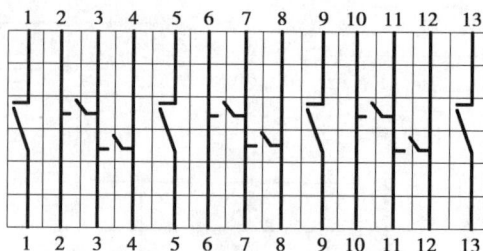

图 1.25　联合接线盒原理图

图 1.26　联合接线盒正反面实图

又如现场换三相三线有功电能表时,可将 3、4 间短路片和 7、8 间短路片分别短接,将 1、5、9 电压接线连片断开,被换表即退出运行。换上新表,接好表线后,再将 3、4 间短路片和 7、8 间短路片分别断开,将 1、5、9 电压接线连片连好,即完成了带负荷换表。

1.3.2　电压互感器基本知识

电力系统用于测量的电压互感器其作用主要体现在以下 3 个方面:

①电压互感器可将电网一次的大电压按比例变换为二次低电压,以便实现对高电压的测量等。

②电压互感器采用标准化输出量:输出为 100 V、$100/\sqrt{3}$ V,可使测量仪表的量程统一为简单的几种,并可使仪表小型化、标准化,便于生产和使用。

③电压互感器具有对变换前后电路隔离的结构,加上可靠的绝缘性能,能够保证测量仪表与测试人员的安全。电压互感器二次绕组一点接地是安全保障的又一措施。

以电磁感应为工作原理的电压互感器称为电磁式电压互感器,在我国多用在 220 kV 及以下电压等级电路中。

（1）电磁式电压互感器的结构

电磁式电压互感器的基本结构主要由绕组、铁芯和绝缘构成。图 1.27 为单相双绕组电压互感器的结构原理图及电路符号。其双绕组分别为一次绕组和二次绕组。

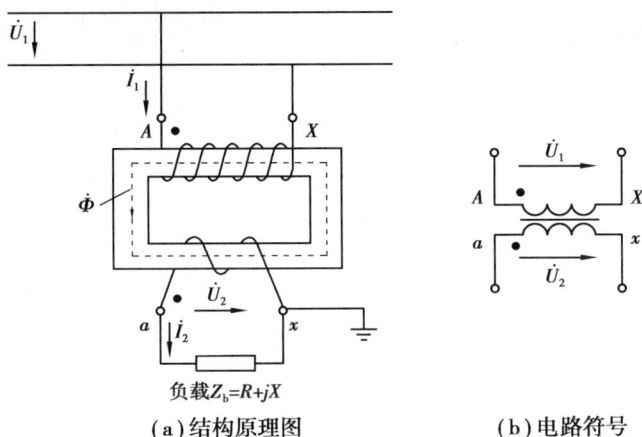

（a）结构原理图　　　　　　（b）电路符号

图 1.27　电压互感器的结构原理图及电路符号

绝缘分为内绝缘和外绝缘，在油箱内或瓷套内的绝缘为内绝缘，在空气中的绝缘为外绝缘。内绝缘又分为主绝缘和纵绝缘。主绝缘为一次绕组及高压引线对铁芯、接地部分或对其他绕组的绝缘。纵绝缘为绕组的匝间、层间和线段间的绝缘。

图 1.28 为 JDZJ-10 型电压互感器外形结构图。

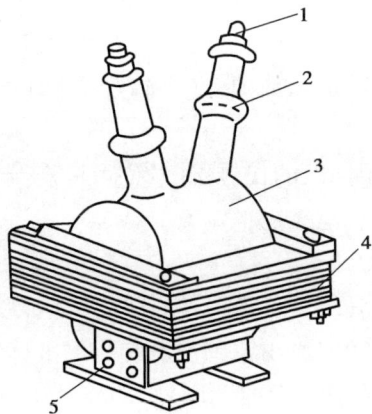

图 1.28　JDZJ-10 型电压互感器
1——次接线端子；2—高压绝缘套管；3— 一、二次绕组；4—铁芯；5—二次接线端子

（2）分类及铭牌标志

1）分类

按相数分可分为单相电压互感器、三相电压互感器；按安装地点分可分为户内式电压互感器和户外式电压互感器。户外式互感器的表面都带有伞裙，用以防雨和增加绝缘性能；按其使用主绝缘介质的不同可分为干式电压互感器、浇注式电压互感器、油浸式电压互感器和

SF_6 气体绝缘电压互感器等几种类型。电压互感器基本分类见表1.4。

表 1.4　电压互感器基本分类

安装地点	户内式、户外式
接线方式	相对相式、相对地式、三相式
用　途	计量用、测量用、保护用
结构形式	单级式、串级式
绝缘介质种类	油纸、气体、环氧树脂浇注、其他

2）铭牌标志

出线端子标志包括一般规定、标志方法、标志内容及铭牌标志。

一般规定：出线端子应标志以下内容。一次绕组、二次绕组和剩余电压绕组（如果有）；中间抽头（如果有）；绕组的极性关系。

标志方法：出线端子标志由字母和数字组成，并应清晰牢固地标在出线端子表面或近旁处。

标志内容：大写字母 A、B、C 和 N 表示一次绕组端子，小写字母 a、b、c 和 n 表示二次绕组端子。大写字母 A、B 和 C 表示全绝缘端子，字母 N 表示接地端子，其绝缘性能比其他端子低。复合字母 da 和 dn 表示提供剩余电压的绕组端子。标有同一字母大写或小写的端子，在同一瞬间具有同一极性。

铭牌标志：每台电压互感器的铭牌至少应标出下列内容。

①制造单位名及其所在地的地名或国名（出口产品），以及其他容易识别制造单位的标志、生产序号和日期。

②互感器型号及名称、采用标准的代号、计量许可标志及计量许可批号。

③额定一次电压和额定二次电压（如 35/0.1 kV）。

④额定频率（如 50 Hz）。

⑤额定输出和其相应的准确级（如 50 V·A 1.0 级）。注：当有两个独立的二次绕组时，其标志应指明每个二次绕组的额定输出范围及其相应的准确级和每一绕组的额定电压。

⑥设备最高电压 U_m。注：如果《标准电压》（GB/T 156—2017）中没有规定该电压等级的设备最高电压则可用标称电压 U_n 替代。

⑦额定绝缘水平。注：⑤设备最高电压和⑥额定绝缘水平可合并标志如下（如需冠以标题时，则仅用额定绝缘水平）：设备最高电压/额定短时工频耐受电压/额定雷电冲击全波耐受电压，kV；或者设备最高电压/额定操作冲击耐受电压/额定雷电冲击全波耐受电压，kV。

⑧额定电压因数及其相应的额定时间。

⑨绝缘耐热等级（A 级绝缘不必标出）。注：如果用了多种等级的绝缘材料，应标出限制绕组温升的那一种。

⑩当互感器有多个二次绕组时，应标明每个绕组的性能参数及其相应的端子。

⑪设备种类：户内或户外（设备最高电压为 0.415 kV 的互感器可不标出）、温度类别（非正常使用环境温度）、如果互感器允许使用在海拔高于 1 000 m 的地区，还应标出其允许使用的最高海拔。

⑫互感器的总质量及油浸式互感器的油质量或气体绝缘互感器的气体质量（总质量低于 50 kg 的互感器可不标出）。图 1.29 为 JDZ-10 型电压互感器铭牌。

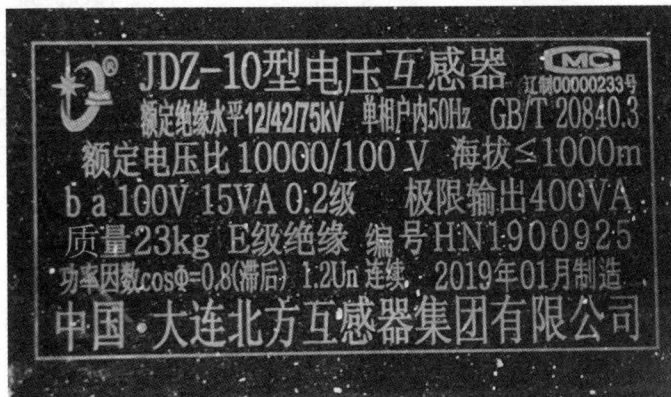

图 1.29　JDZ-10 型电压互感器铭牌

3）型号

TV 的型号一般表示如图 1.30 所示。

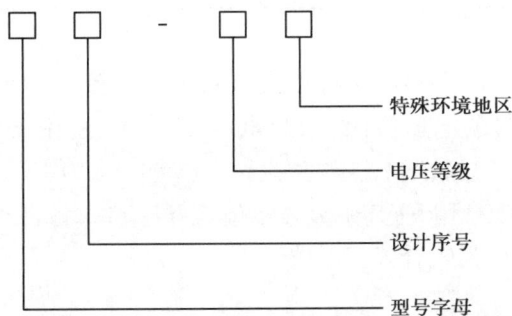

图 1.30　电压互感器型号

型号字母是为用汉语拼音字母表示的产品型号，其含义和排列顺序见表 1.5。

表 1.5　电压互感器型号字母注释表

序　号	类　别	型号字母	注　释
1	名称	J	电压互感器
2	相数	D	单相
		S	三相

续表

序　号	类　别	型号字母	注　释
3	绕组外绝缘介质	—	变压器油
		G	空气(干式)
		Q	气体
		Z	浇注成固体形
4	结构特征	X	带剩余电压绕组
		B	三柱式带补偿绕组
		W	五柱式每相三绕组
		C	串级式带剩余电压绕组
5	特殊环境地区	GY	高原地区用
		W	污染地区用
		AT	干热带地区用
		TH	湿热带地区用
		CY	船舶用

　　用变压器油绝缘的电压互感器,不标出表示油绝缘的字母。例如 JDX-110TH 型:单相电压互感器,油浸绝缘,带剩余电压绕组,额定电压 110 kV,适用于湿热带地区用。JDZ6-10 型:单相电压互感器,浇注绝缘,第六次改型设计,额定电压 10 kV。JLS-35 型:油浸绝缘,三相组合式互感器,额定电压 35 kV(其中 L 表示电流互感器。各自独立的电压互感器与电流互感器装在同一外壳内,称为组合式互感器)。

　　4)额定电压

　　额定电压,见表 1.6。

表 1.6　电压互感器额定电压

设备最高电压	额定一次电压	额定二次电压	剩余电压绕组额定电压
0.415	0.38	0.1	
0.720	0.60	0.1	
1.200	$1,1/\sqrt{3}$	$0.1,0.1/\sqrt{3}$	0.1/3
3.600	$3,3/\sqrt{3}$	$0.1,0.1/\sqrt{3}$	0.1/3
7.200	$6,6/\sqrt{3}$	$0.1,0.1/\sqrt{3}$	0.1/3
12.000	$10,10/\sqrt{3}$	$0.1,0.1/\sqrt{3}$	0.1/3

续表

设备最高电压	额定一次电压	额定二次电压	剩余电压绕组额定电压
17.500	$15,15/\sqrt{3}$	$0.1,0.1/\sqrt{3}$	$0.1/3$
24.000	$20,20/\sqrt{3}$	$0.1,0.1/\sqrt{3}$	$0.1/3$
40.500	$35,35/\sqrt{3}$	$0.1,0.1/\sqrt{3}$	$0.1/3$
72.500	$66/\sqrt{3}$	$0.1/\sqrt{3}$	$0.1/3$
126.000	$110/\sqrt{3}$	$0.1/\sqrt{3}$	0.1
252.000	$220/\sqrt{3}$	$0.1/\sqrt{3}$	0.1
363.000	$330/\sqrt{3}$	$0.1/\sqrt{3}$	0.1
550.000	$500/\sqrt{3}$	$0.1/\sqrt{3}$	0.1
800.000	$765/\sqrt{3}$	$0.1/\sqrt{3}$	0.1

额定一次电压:对三相电压互感器和用于单相系统或三相系统线间的单相电压互感器,其额定一次电压应符合《标准电压》(GB/T 156—2017)规定的某一系统电压的标称值。对于接在三相系统线与地之间或接在系统中性点与地之间的单相电压互感器,其额定一次电压标准值为额定系统标称电压的 $1/\sqrt{3}$ 倍。

额定二次电压:对接在单相系统或接在三相系统线间的单相电压互感器和三相电压互感器,其额定二次电压标准值为 100 V。对接在三相系统中相与地之间的单相电压互感器,当其额定一次电压为某一数值除以 $\sqrt{3}$ 时,其额定二次电压为 $100/\sqrt{3}$ V。

剩余电压绕组的额定电压:剩余电压绕组的额定二次电压为 $100/\sqrt{3}$ V 或 100 V。注:$100/\sqrt{3}$ V 只适用于额定电压因数为 1.9 的电压互感器,而 100 V 只适用于额定电压因数为 1.5 的电压互感器。

5)准确度等级及误差

测量、计量用电压互感器准确级的标称:测量、计量用电压互感器的准确级,在额定电压和额定负荷下,以该准确级所规定的最大允许电压误差百分数来标称。测量、计量用单相电磁式电压互感器的标准准确级为 0.1、0.2、0.5、1.0。

各标准准确级的电压误差和相位差应不超过表 1.7 的规定值。

表 1.7 测量、计量用电压互感器误差和相位差限值

标准准确级	电压(比值)误差 $\varepsilon_u \pm \%$	相位差 φ_u	
		$\pm(')$	$\pm\mathrm{crad}$
0.1	0.1	5	0.15
0.2	0.2	10	0.30

续表

标准准确级	电压(比值)误差 $\varepsilon_u \pm\%$	相位差 φ_u	
		$\pm(')$	$\pm$crad
0.5	0.5	20	0.60
1.0	1.0	40	1.20

注:①频率范围:额定频率;电压范围:80%~120%额定电压;负荷范围:25%~100%额定负荷;功率因数:0.8和1.0(滞后)。

②误差应在电压互感器出线端子间测定,并须包括作为互感器整体一部分的熔断器或电阻器的影响。

③当具有多个分开的二次绕组时,由于它们之间相互影响,应规定各个绕组的输出范围,每一输出范围的上限值应符合标准的额定输出值,每个二次绕组应在规定的范围内符合规定的准确级,此时,其他二次绕组应带其输出范围上限值的0~100%中的任一值。为验证是否符合要求,可以只在极限值下进行试验。当未规定输出范围时,即认为每个绕组的输出范围是其额定输出的25%~100%。如果某一绕组只有偶然的短时负荷,或仅作为剩余电压绕组使用时,则它对其余绕组的影响可以忽略不计。

保护用电压互感器准确级的标称:所有保护用的电压互感器,除剩余绕组外,应给出相应的测量准确级和保护准确级。保护用电压互感器的准确级,是以该准确级在5%额定电压到与额定电压因数相对应的电压范围内的最大允许电压误差百分数标称,其后标以字母P。

标准准确级:保护用电压互感器的标准准确级为3P和6P。

电压误差和相位差限值:在规定条件下,电压互感器标准准确级相对应的电压误差和相位差限值应不超过表1.8的规定值。

表1.8　保护用电压互感器的电压误差和相位差限值

标准准确级	电压(比值)误差 $\varepsilon_u \pm\%$	相位差 φ_u	
		$\pm(')$	$\pm$crad
3P	3.0	120	3.5
6P	6.0	240	7.0

注:①当互感器在额定频率及5%额定电压和额定电压乘以额定电压因数(1.2、1.5或1.9)的电压下,负荷为25%~100%额定负荷和功率因数为0.8(滞后)时,其电压误差和相位误差限值不应超过表1.7的规定值。

②当互感器在额定频率及2%额定电压下,负荷为25%~100%额定负荷和功率因数为0.8(滞后)时,其电压误差和相位误差限值不应超过表1.7的规定值的2倍。

③当具两个独立的二次绕组时,由于它们之间相互影响,应规定各个绕组的输出范围,每一输出范围的上限值应符合标准的额定输出值,每个二次绕组应在规定的范围内符合规定的准确级,此时,另一绕组应带有其输出范围上限值的0~100%中的任一值。为验证是否符合要求,可以只在极限值下进行试验。当未规定输出范围时,即认为每个绕组的输出范围是其额定输出的25%~100%。

6)选型要求

①对电压互感器配置和二次绕组特性参数的基本要求:

a.电压互感器二次绕组特性参数应满足继电保护、自动装置、测量仪表及计量装置的要求。

b.当电压互感器同时向继电保护、测量仪表和计量装置提供电压量时,一般应设置单独的保护绕组、测量绕组和计量用绕组。

②对电压互感器二次绕组数量与准确级组合的要求:

a.对接于三相系统相与地间的单相电压互感器,且需要同时向保护、自动装置、测量仪表和计量装置提供电压量时,一般应具有 3 个二次绕组和 1 个剩余电压绕组。其准确级组合应为 0.2、0.5、3P 或 6P 的任意组合方式。

b.对接于三相系统相间的单相电压互感器,一般应具有两个二次绕组,其准确级组合应为 0.2、0.5、3P 和 6P 的任意组合方式。

c.对接于三相系统相与地间或相间的计量专用电压互感器,一般应具有准确级组合为 0.2/0.5 或 0.5/0.5 的两个二次绕组。

d.对接于低压单相系统的电压互感器,一般只需要一个二次绕组,必要时可再附加剩余绕组。

③对测量和计量用电压互感器的要求:

测量用电压互感器的准确级通常采用 0.5 级;用于电能计量的计量专用电压互感器的准确级一般不低于 0.2 级。

④对电压互感器干弧距离的要求:

220 kV 电压等级电压互感器的干弧距离宜不小于 2 m,330 kV 的宜不小于 2.7 m,500 kV 的宜不小于 4 m。

(3)电磁式电压互感器的工作原理

电磁式电压互感器的工作原理相当于降压变压器的工作原理。其一次绕组与被测高电压两端并联,二次绕组与测量仪表的电压线圈并联。与电力变压器的主要区别在于:其一,两者容量不同;其二,电压互感器的二次负荷阻抗很大,因此电压互感器相当于开路运行的变压器。

因为电压互感器相当于接近空载运行的小容量降压变压器,所以其电磁原理与变压器相似。二次绕组 N_2 不接负载时,一次绕组 N_1 加电压 $\dot{U}_1$ 后会有激磁电流 $\dot{I}_0$ 通过,在铁芯内产生与一、二次绕组匝数交链的主磁通 $\dot{\Phi}_m$,形成感应电势 $\dot{E}_1$ 和 $\dot{E}_2$,即

$$\dot{E}_1 = 4.44fN_1\dot{\Phi}_m \ 和 \ \dot{E}_2 = 4.44fN_2\dot{\Phi}_m \tag{1.6}$$

当二次绕组接上负载时,在 $\dot{E}_2$ 的作用下,二次回路就有电流 $\dot{I}_2$ 通过,使一次电流从 $\dot{I}_0$ 增加到 $\dot{I}_1$。一次电流增量 $\Delta\dot{I}_1$ 与二次电流 $\dot{I}_2$ 所产生的磁通在铁芯内部指向相反,维持主磁通 $\dot{\Phi}_m$ 保持不变,磁势保持平衡:

$$\dot{I}_1N_1 = -\dot{I}_2N_2 + \dot{I}_0N_1 \tag{1.7}$$

因为电压互感器相当于开路运行,所以一、二次电流很小,且一、二次绕组阻抗也小,阻抗压降可以忽略,则一、二次电压就和相应的感应电势相等: $\dot{U}_1 = -\dot{E}_1$ 和 $\dot{U}_2 = \dot{E}_2$。因此由式

（1.7）得：

$$\frac{\dot{U}_1}{\dot{U}_2}=\frac{-\dot{E}_1}{\dot{E}_2}=\frac{-N_1}{N_2}=-K_U \qquad (1.8)$$

故有

$$\dot{U}_1=-K_U\dot{U}_2 \qquad (1.9)$$

式中 $K_U=N_1/N_2$ 称为电压互感器的变比（也是额定电压变比）。这就表明当用电压表测出二次电压 U_2 再乘以变比 K_U 时，就能得到一次电压 U_1 的量值。

一次绕组外接电压为 $\dot{U}_1$，通过电磁感应在二次绕组两端产生感应电压 $\dot{U}_2$，理论推得：

$$\frac{\dot{U}_1}{\dot{U}_2}=\frac{N_1}{N_2}=K_U \qquad (1.10)$$

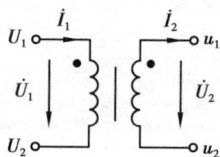

图 1.31　单相电压互感器的标志和极性

（4）电压互感器的极性

目前，我国的电压互感器一般采用减极性。如图 1.31 所示，如果从电压互感器一次绕组的一个端子与二次绕组的一个端子观察，电流 $\dot{I}_1$、$\dot{I}_2$ 的瞬时方向是相反的，也就是一次电流瞬时流入电压互感器时，二次电流瞬时从电压互感器流出，这样的极性关系称为减极性。凡符合减极性的电压互感器，其相对应的一、二次侧端钮为同极性端。

单相电压互感器的一次侧首端标为 U_1（或 A）、末端标为 U_2（或 B），二次侧首端标为 u_1（或 a）、末端标为 u_2（或 b）。

三相电压互感器，一次侧以大写字 U、V、W、N 作为各相标志，二次侧以小写字母 u、v、w、n 标明相应的各相，如图 1.32 所示。当具有多个二次绕组时，除剩余电压绕组外，分别在各个二次绕组的出线端标志前加注数字，如 1u、1v、1w、1n、2u、2v、2w、2n 等，剩余电压绕组标为 du、dn。

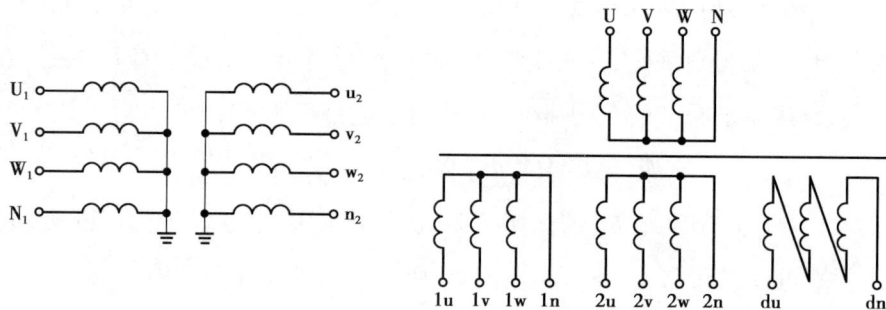

图 1.32　三相电压互感器的标志

（5）电压互感器的接线方式

①V/v 接法。如图 1.33（a）所示，V/v 接法广泛应用于中性点不接地或经消弧线圈接地

的 35 kV 及以下的高压三相系统,特别是 10 kV 的三相系统。因为它既能节省一台电压互感器又可满足三相有功、无功电能表和三相功率表所需的线电压。仪表电压线圈一般是接于二次侧的 u、v 间和 w、v 间。这种接法的缺点:不能测量相电压;不能接入监视系统绝缘状况的电压表;总输出容量仅为两台容量之和的 $\sqrt{3}/2$ 倍。

②Y/Y_0 接法。如图 1.34 所示,Y/Y_0 接法可用 1 台三铁芯柱三相电压互感器,也可用 3 台单相电压互感器构成三相电压互感器组。此种接法多用于小电流接地的高压三相系统,一般是将二次侧中性线引出,接成 Y/Y_0 接法。此种接法的缺点:当二次负载不平衡时,可能引起较大的误差;防止高压侧单相接地故障,高压中性点不允许接地,故不能测量对地电压。

③Y_0/Y_0 接法。当 Y_0/Y_0 接法用于大电流接地系统时,多采用 3 台单相电压互感器构成三相电压互感器组,如图 1.35 所示。此种接法的优点:由于高压中性点接地,故可降低绝缘水平,使成本下降;电压互感器绕组是接相电压设计的,故既可测量线电压,又可测量相电压。此外,二次侧增设的开口三角形接地的辅助绕组,可构成零序电压过滤器供继电保护等用。

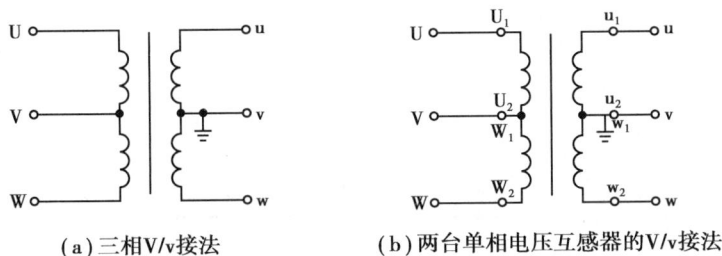

（a）三相V/v接法　　（b）两台单相电压互感器的V/v接法

图 1.33　电压互感器的 V/v 接法

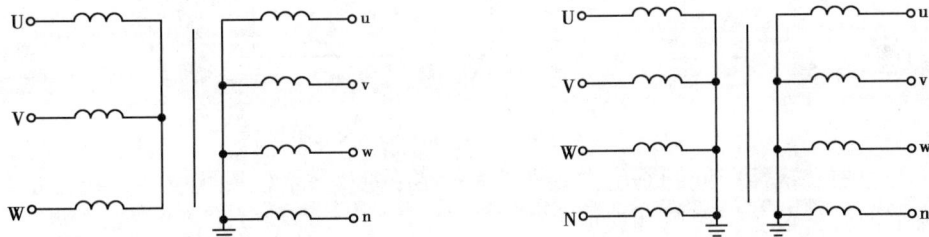

图 1.34　Y/Y_0 接线方法

图 1.35　Y_0/Y_0 接线方法

当 Y_0/Y_0 接法用于小电流接地系统时,多采用三相五柱式电压互感器,如图 1.36 所示。此种接法一、二次侧均有中性线引出,故既可测量线电压,又可测量相电压。另外,二次侧开口三角的剩余电压绕组可供监视绝缘用。

（6）使用电压互感器的注意事项

对一般的电压互感器(包括电磁式和电容式),使用中的通用安全要求有:

①电压互感器的额定电压、变比、额定容量、准确度

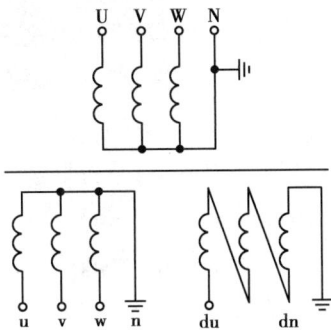

图 1.36　三相五柱式 Y_0/Y_0 接线方法

等应选择适当,否则测量结果将不准确。

②用前应进行检查。在投入使用前应按规程规定的项目进行检定与检查,如准确度试验、核对相序、测定极性和检查连接组别等。

③二次侧应设保护接地。为防止电压互感器一、二次之间绝缘击穿,高电压窜入低压侧造成人员伤亡或设备损坏,电压互感器二次侧必须可靠接地。

④运行中二次绕组不允许短路。由于电压互感器内阻很小,正常运行时二次侧相当于开路,电流很小。当二次短路时,内阻抗接近于零,二次电流急剧增大,相应一次电流会增加很多,且铁芯严重饱和,从而造成电压互感器损坏,严重时会造成一次绝缘破坏,一次绕组造成短路,影响电力系统的安全运行。

(7)电压互感器二次压降的产生及影响

由电压互感器二次侧到电能表端子之间二次回路线路的电压降称电压互感器二次压降。因为电压互感器二次连接导线上有电阻,当二次电流通过二次连线时,在该二次连线的电阻上会产生压降。这使得加在电能表两端的电压 $\dot{U}_2'$ 小于电压互感器二次绕组出线端的端电压 $\dot{U}_2$,从而产生负误差,少计电量。

从图 1.37 可知,二次连线电阻上的压降 $\Delta\dot{U}$ 为

$$\Delta\dot{U} = \dot{U}_2 - \dot{U}_2' \tag{1.11}$$

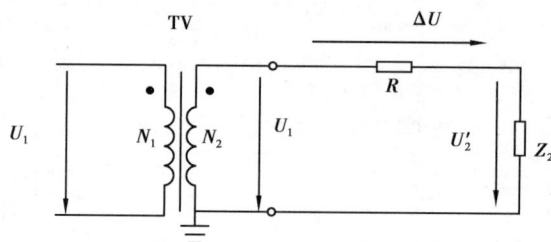

图 1.37　单相电压互感器二次连线电阻压降

电压互感器二次压降问题是电力企业普遍存在的问题,不仅影响电力系统运行质量,还直接导致电能计量装置产生附加误差。

影响二次回路压降的因素较多,主要有二次熔断器、隔离刀闸辅助接点、二次回路中的二次电缆及电缆接头、电压互感器电压回路终端负载过大、高供高计中采用三相四线计量方式时 N 线在电压互感器本体处和电能表屏处分开接地。

因此用于计量的电压互感器二次回路应独立,只能并接有功、无功电能表的电压线圈,不允许再并接其他监视仪表和继电保护装置的电压线圈,以保证电压互感器二次阻抗较大(电压线圈并得越多,总并联阻抗越小),限制 $\dot{I}_U$ 的大小。规程还规定二次连接导线不能太长,须用截面积不小于 2.5 mm^2 的单芯铜线作为二次连线,以限制电阻 r 不至于太大,最终达到使 $\Delta\dot{U}$ 尽可能小的目的。减小的措施有两种:一种是缩短 TV 与表计的距离;另一种是增大二次导线截面积。

《电能计量装置技术管理规程》(DL/T 448—2016)规定:"Ⅰ、Ⅱ类用于贸易结算的电能

计量装置中的电压互感器二次回路压降应不大于其额定二次电压的 0.2%；其他电能计量装置中的电压互感器二次回路压降应不大于其额定二次电压的 0.5%。"

（8）拓展知识（其他互感器介绍）

1）组合互感器

由电磁式电压互感器和电磁式电流互感器组合，并形成一体的互感器称为组合式互感器。它包括两台测量 U、W 相电流的电流互感器和两台相-相接线的单相电压互感器组成的两相式 V/v 接线，测量三相线电压的电压互感器。用于 6～35 kV 三相三线制的电能计量箱。图 1.38 为组合互感器的外形图和接线图。

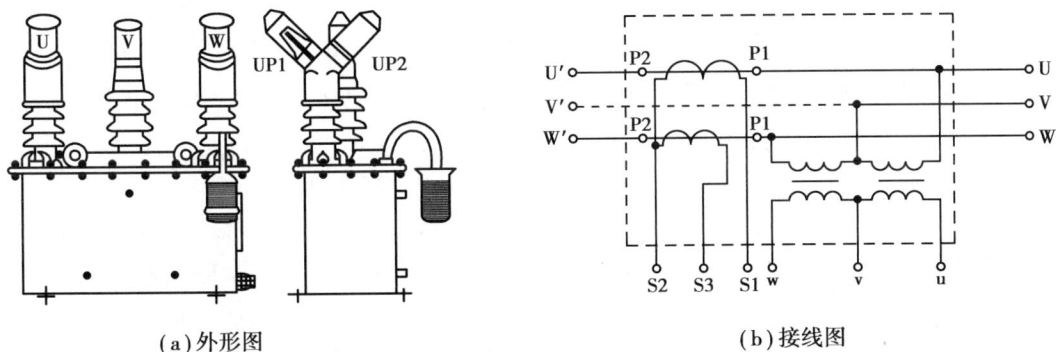

(a)外形图	(b)接线图

图 1.38　组合互感器

组合互感器有户外使用的油浸式和户内使用的环氧树脂浇注式两种。

2）电容式电压互感器

电容式电压互感器在我国 110 kV 及以上电压系统中得到广泛应用。这是因为电容式电压互感器具有以下特点：

①除具有电磁式电压互感器的全部功能外，还可同时兼作载波通信的耦合电容器之用。

②其耐雷电冲击性能（冲击绝缘强度）比电磁式电压互感器优越，对一次电气主设备有一定的保护作用。

③没有电磁式电压互感器与断路器断口电容的串联铁磁谐振问题。

④体积小、质量小，价格比较便宜，且电压等级越高价格优势越明显。

电容式电压互感器的工作原理：电容式电压互感器是利用串联电容分压的特性将高压降为所需要测量的低压。如图 1.39 所示，当 a、b 右侧开路时，由串联电容的分压公式可得分压 U_{C_2} 与总电压 U_1 的关系：

$$U_{C_2} = \frac{C_1}{C_1 + C_2}U_1 = KU_1 \qquad (1.12)$$

式中，$K = \dfrac{C_1}{C_1 + C_2}$ 为分压比，只要改变 C_1、C_2 就能得到不同的分压比。

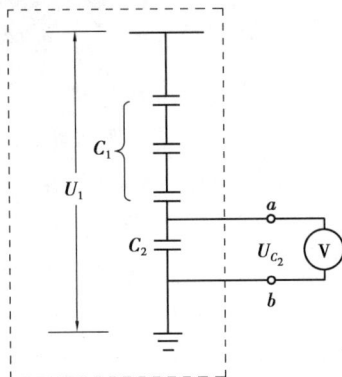

图 1.39　串联电容的分压原理

图 1.40 为电容式电压互感器原理接线图,当接入二次负荷后,可将 a、b 两端左侧看成有源二端网络,根据戴维南定理,可得到图 1.41 等效电路,其中 $\dot{E} = \dfrac{C_1}{C_1+C_2}U_1 = KU_1$,$Z_i = \dfrac{1}{j\omega(C_1+C_2)}$。由于二次负荷的影响,使得 $\dot{U}_{C_2}$ 与高压 $\dot{U}_1$ 不再成比例关系。可用感性阻抗补偿容性等效阻抗 Z_i,使等效阻抗为零,就能得到 $U_{C_2} \approx KU_1$。该感性阻抗补偿即为图 1.38 中的 L,称补偿电抗。图 1.38 中,TV 为变比 K_T 的中压互感器,其初级绕组电压 $\dot{U}_{C_2} = K\dot{U}_1$,测量仪表所测二次电压 U_2 与 U_1 的关系为 $U_1 = \dfrac{K_T}{K}U_2$,所以电容式电压互感器的变压比为 $K_U = \dfrac{K_T}{K}$。我国生产的电容式电压互感器的中压互感器,不管电网额定电压如何,其初级额定电压为 13 kV,测量用的次级绕组额定电压为 $100/\sqrt{3}$ V,因此 $K_T = 13\,000/57.74 = 225.2$。例如,型号为 TYD220$/\sqrt{3}$ 的电容式电压互感器,其中 $K = 0.102$,则 $K_U = \dfrac{K_T}{K} = \dfrac{225.2}{0.102} = 2\,200$。

中压互感器的作用是隔离测量仪表与电容分压器,减少分压器的输出电流,以减少误差。r_d 为阻尼电阻,在 TV 副边单独设一只线圈,接入阻尼电阻 r_d,用以抑制铁磁谐振过电压。C_K 为补偿电容,用来补偿电磁式电压互感器 TV 的激磁电流和二次负荷电流的无功分量,也能减小测量装置的误差。P_1 为放电间隙,用以保护 TV 的原绕组和补偿电抗器 L,防止受二次侧短路而产生过电压所造成的损坏。

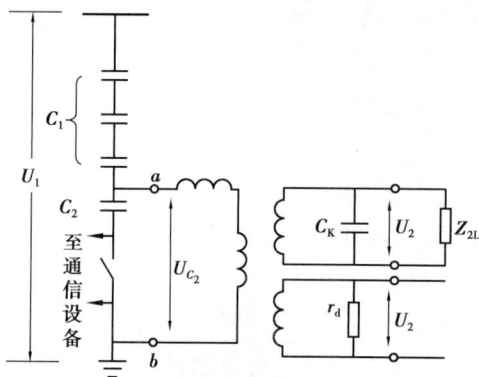

图 1.40 电容式电压互感器原理接线图

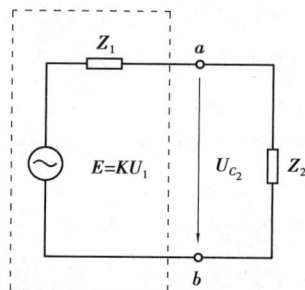

图 1.41 电容分压等效电路

3)电子式电流互感器

随着电力系统电压等级的不断提高以及电网的扩大,传统电磁式电流互感器面临的超高压绝缘问题日益突出,况且电磁式电流互感器固有的体积大、磁饱和、铁磁谐振、动态范围小、使用频带窄等问题,已难以满足电力系统发展的要求,研制更理想的互感器已得到广泛重视,因此高性能的电子式电流互感器应运而生。

电子式电流互感器利用一次母线穿过空心线圈(Rogoski)对被测一次电流信号进行采样,空芯线圈输出的感应电压与一次电流的变化率成正比,这个信号再经过 A/D 转换装置转换为数字信号,并进行运算,换算出与一次电流成正比的量。为了降低电流互感器对绝缘的要求,高压端到低压端的信号传输利用光纤来承担,因此必须先利用电光转换将电信号转换成光信号并由光纤传输到低压端。在低压端的信号处理部分首先是将光信号还原为电信号,然后通过 D/A 转换装置将数字信号转换为模拟信号,最后对模拟信号进行处理,具体如图 1.42 所示。光纤具有良好的绝缘性能,利用光纤作为高压端和低压端的信号传输媒介,具有绝缘简单、造价低、技术成熟等优点,而且不易受干扰,传输距离远。Rogoski 线圈是一种特殊结构的空心线圈,相当于电流传感器,测量准确度高、测量方位大、通频带宽、无剩磁、制作成本低。

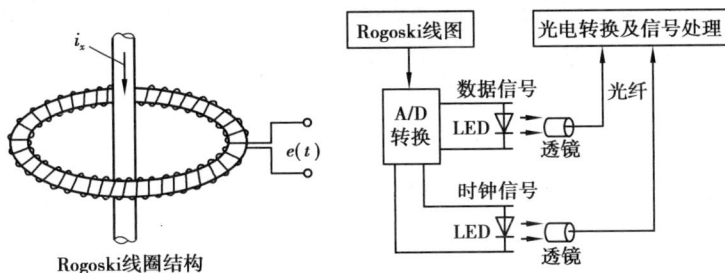

图 1.42　电子式电流互感器原理图

【思考与练习】

1.电压互感器的作用主要体现在哪些方面?

2.简要说明选择及使用电压互感器的注意事项。

3.联合接线盒的作用是什么? 高压电能计量装置中是否可以不用联合接线盒? 为什么?

任务 1.4　低压电能计量装置的带电调换

【教学目标】

● 知识目标

1.熟悉低压电能计量装置带电调换的安全管控要求。

2.掌握低压电能计量装置带电调换的作业程序及作业标准。

3.掌握低压电能计量装置带电调换的风险辨识及控制措施。

4.掌握现场作业的安全措施。

● 能力目标

1.熟悉低压电能计量装置带电调换标准和规范。

2.能对用户的单相电能表、三相四线直接接入式低压电能表及三相四线经电流互感器接入式电能表进行带电调换。

3.能明确现场施工的作业要求。

● 态度目标

1.能主动学习,在完成任务的过程中发现问题、分析问题和解决问题。

2.能与小组成员协商、交流配合完成本次学习任务,养成分工合作的团队意识。

3.严格遵守安全规范,爱岗敬业、勤奋工作。

【任务描述】

按照《电能计量装置安装接线规则》(DL/T 825—2002)、《电能计量装置技术管理规程》(DL/T 448—2016)、《国家电网公司计量标准化作业指导书》、《国家电网公司电力安全工作规程》(电力配电部分)进行低压电能计量装置的带电调换。

【任务准备】

1.课前预习低压电能计量装置带电调换前的准备工作、安全和技术措施、操作项目、工作程序及相关注意事项。

2.准备安装的相关工器具、材料及装拆工单。

3.填写低压工作票。

【任务实施】

1.按照任务指导书实施任务。

任务指导书 1

工作任务	三相四线直接接入式低压电能表的带电调换		学　时	2
姓　名		学　号　　　　　　班　级	日　期	

任务描述:按照《电能计量装置安装接线规则》(DL/T 825—2002)、《电能计量装置技术管理规程》(DL/T 448—2016)、《国家电网公司计量标准化作业指导书》、《国家电网公司电力安全工作规程》(电力配电部分)进行低压电能计量装置的带电调换。

续表

一、工作前准备

1.根据营销业务应用系统打印"电能表装拆工作单"(以下简称"工单"),按照工单凭证要求领取电能表,并核对所领用的电能表参数信息是否与工单一致。

2.检查电能表的校验封印、接线图、检定合格、资产标记(条形码)是否齐全,校验日期是否在6个月以内,外壳是否完好。

3.检查所需的工具(活动扳手、平口螺丝刀、十字螺丝刀、剥线钳、尖嘴钳、电工刀等)、仪表等是否配足带齐,工具金属部分用绝缘胶带包裹。

4.准备单芯铜质绝缘线(黄、绿、红、黑颜色 2.5 mm² 及 4 mm²)若干米。

5.电能表更换工作至少有2名人员进行。

6.正确填写低压工作票。

二、现场作业步骤及标准

1.计量柜(箱)验电、核查。使用验电笔(器)对计量柜(箱)金属裸露部分进行验电,并检查计量柜(箱)接地是否可靠;核查计量柜(箱)外观是否正常,封印是否完好,有异常现象拍照取证后转异常处理流程。

2.核对、记录信息。根据电能表装拆工作单核对客户信息、电能表铭牌参数等内容,确认调换电能表位置。

3.调换前接线检查。观察电能表的运行状况,使用钳形多用表测量电能表尾的相电压、线电压、相电流、相电压和相电流的相位。检查电能表在已知负荷条件下,每个功率单元电压、电流、电压和电流的相位关系是否正常。

4.拉开负荷侧总开关。

5.拆除需换电能表。拆除电能表进、出线,依次为:先电压线、后电流线,先进线、后出线,先相线、后零线,从左到右,相线应逐相拆除并及时用绝缘胶带牢固包扎,做好标记。

6.安装电能表。按新调换的电能表接线图将二次线正确接入新调换的电能表;恢复接线的原则:先出后进、先零后相、从右到左;接线完成后,对电能表安装质量和接线进行检查,确保接线正确,工艺符合规范要求。

三、作业后检查

1.现场通电检查。检查电能表等相关电能计量装置,运行状态应正常;用验电笔(器)测试电能表外壳、零线端子、接地端子应无电压。

2.计量装置加封。确认安装无误后,正确记录电能表各项读数,对计量柜(箱)、联合接线盒等加封,记录封印编号,并拍照留证。

3.工单填写。工单数据应填写完整、正确,贸易结算用计量装置原表止度、失压记录必须与客户逐一核对,并请客户确认签字,同时向客户告知计量装置的运行注意事项。

四、清理施工现场

1.清理现场。现场作业完毕,应做到工完料净场地清。

2.现场完工。装拆换作业后应请客户现场签字确认。

3.办理工作标终结。

2.危险点预防分析(风险辨识)及控制措施参见附录Ⅲ《国网湖南电力营销部关于转发国家电网公司计量标准化作业指导书的通知》(营销〔2013〕26 号)。

任务指导书 2

工作任务	三相四线经互感器接入式低压电能表的带电调换			学　时	4
姓　名		学　号		班　级	
				日　期	

任务描述:按照《电能计量装置安装接线规则》(DL/T 825—2002)、《电能计量装置技术管理规程》(DL/T 448—2016)、《国家电网公司计量标准化作业指导书》、《国家电网公司电力安全工作规程》(电力配电部分)进行低压电能计量装置的带电调换。

一、工作前准备

1.根据营销业务应用系统打印"电能表装拆工作单"(以下简称"工单"),按照工单凭证要求领取电能表,并核对所领用的电能表参数信息是否与工单一致。

2.检查电能表的校验封印、接线图、检定合格、资产标记(条形码)是否齐全,校验日期是否在 6 个月以内,外壳是否完好。

3.检查所需的工具(活动扳手、平口螺丝刀、十字螺丝刀、剥线钳、尖嘴钳、电工刀等)、仪表等是否配足带齐,工具金属部分用绝缘胶带包裹。

4.准备单芯铜质绝缘线(黄、绿、红、黑颜色 2.5 mm² 及 4 mm²)若干米。

5.电能表更换工作至少有 2 名人员进行。

6.正确填写低压工作票。

二、现场作业步骤及标准

1.计量柜(箱)验电、核查。使用验电笔(器)对计量柜(箱)金属裸露部分进行验电,并检查计量柜(箱)接地是否可靠;核查计量柜(箱)外观是否正常,封印是否完好,有异常现象拍照取证后转异常处理流程。

2.核对、记录信息。根据电能表装拆工作单核对客户信息、电能表铭牌参数等内容,确认调换电能表位置。

3.调换前接线检查。观察电能表的运行状况,使用钳形多用表测量电能表尾的相电压、线电压、相电流、相电压和相电流的相位。检查电能表在已知负荷条件下,每个功率单元电压、电流、电压和电流的相位关系是否正常。

4.短接电流和断开电压熔丝或连接片。把联合接线盒内的电流端子短接,断开电压熔丝或连接片、中性线连接片,依次为先电流后电压。

5.记录时间与功率。记录换表开始时刻和瞬时功率。

6.拆除需换电能表。拆除电能表进、出线,依次为:先电压线、后电流线,先进线、后出线,先相线、后零线,从左到右,相线应逐相拆除并及时用绝缘胶带牢固包扎,做好标记。

7.安装电能表。按新调换的电能表接线图将二次线正确接入新调换的电能表;恢复接线的原则:先出后进、先零后相、从右到左;接线完成后,对电能表安装质量和接线进行检查,确保接线正确,工艺符合规范要求。

8.恢复电压熔丝或连接片、中性或连接片,恢复电流连接片。完毕后,恢复联合接线盒内的电压熔丝或连接片、电压中性线连接片,恢复电流连接片,依次先电压后电流。

9.记录时间。停止计时,记录换表结束时刻,把换表所用的时间、瞬时功率填写在装拆工单并让客户确认。

续表

三、作业后检查 　1.现场通电检查。检查联合接线盒内连接片的位置,确保正确;检查电能表等相关电能计量装置,运行状态应正常;用验电笔(器)测试电能表外壳、零线端子、接地端子应无电压。 　2.计量装置加封。确认安装无误后,正确记录电能表各项读数,对计量柜(箱)、联合接线盒等加封,记录封印编号,并拍照留证。 　3.工单填写。工单数据应填写完整、正确,贸易结算用计量装置原表止度、失压记录必须与客户逐一核对,并请客户确认签字,同时向客户告知计量装置的运行注意事项。 **四、清理施工现场** 　1.清理现场。现场作业完毕,应做到工完料净场地清。 　2.现场完工。装拆换作业后应请客户现场签字确认。 　3.办理工作标终结。

【实例】

本案例是某供电所人员经互感器接入式低压电能表调换的操作实例,也是低压三相四线电能表经电流互感器的现场安装实例。

本项工作分 4 个步骤:前期准备工作,调换前现场准备工作,电能表调换及验收、结束工作。

一、前期准备工作

1.领取计量装置。

①工作人员根据"电能表装拆工作"凭证领取电能表。

②领取时应详细检查表计是否完好,与"电能表装拆工单"资料是否相符。

③在电能表的运输过程中,应有可靠的防震、防尘措施。

2.正确填写低压工作票。

由班组长组织全体工作人员召开日早会,分析本次工作的危险点,制订预控措施和两措计划,进行安全思想教育,并就安装方案进行讨论、分工。

3.准备工器具。

使用的工器具有钳形多用表、万用表、剥线钳、铅封、备用螺丝、登高工具、大小十字起子、大小一字起子等。

4.与用户预约作业时间。

二、调换前现场准备工作

工作人员到达现场后,工作负责人首先向工作班成员交代工作任务、现场带电部位、安全技术措施及安装方案,并进行分工,然后进行调换前工作准备。

1.计量柜(箱)验电、核查。使用验电笔(器)对计量柜(箱)金属裸露部分进行验电,并检查计量柜(箱)接地是否可靠;核查计量柜(箱)外观是否正常,封印是否完好,有异常现象拍照取证后转异常处理流程。

2.核对、记录信息。根据电能表装拆工作单核对客户信息、电能表铭牌参数等内容,确认调换电能表的位置。

3.调换前接线检查。观察电能表的运行状况,使用钳形多用表测量电能表尾的相电压、线电压、相电流、相电压和相电流的相位。检查电能表在已知负荷条件下,每个功率单元电压、电流、电压和电流的相位关系是否正常。

三、电能表调换

1.拆除前,抄录电能表当时二次功率。

2.短接电能表电流回路,开始计时,抄录表计止码、失压记录等数据;短接后,观察电能表运行情况或使用钳型电流表测量电能表各相电流应接近于零。

3.拆除电能表电压线,拆除原则:先相线后零线,相线应逐相拆除并及时用绝缘胶带牢固包扎,做好标记。操作细节:左手在距表尾20~30 mm处捏住待拆除进表导线(不得向下用力),右手握螺丝刀,旋松两颗压线螺丝,此时应全神贯注顺势向下轻轻拔出导线,当进表线全部脱离表位后,将带电导线线头向操作者方向做90°压弯,用电工绝缘胶布(或绝缘套管)将裸露导线做临时包裹,操作者不能接触导线裸露部分。以此方法完成所有进表线的拆除。

4.安装电能表。电能表更换固定后,做恢复接线。恢复接表线的顺序:先接入出表线,后接入进表线。做第一根带电的电压导线操作细节:左手握住导线,右手将临时包裹的电工绝缘胶带抽脱,操作者应全神贯注地顺势将导线对准电能表接线孔,不得前后左右偏出,向上轻轻将导线插入压线孔,到位后用螺丝刀将其压紧。以此方法完成第二根、第三根电压导线的连接。

5.恢复电流和电压连接片,恢复接表线的顺序:先接电流线,再接电压线;核对接线无误后,在试验盒上连通三相电压,开各相电流短接连片;电能表开始运行,停止秒表计时。

6.记录电能表停止计量时间。利用测量前客户用电功率和记录短接时间,计算换表期间应补电能量,记录在装拆工作单指定位置交客户签字确认后,传递到营销业务应用系统统一收费。

四、验收、结束工作

1.检查。

工作人员安装完毕后,按工作分工各自进行检查并清理现场。

2.验收。

工作负责人对新装计量装置进行全面验收,检查有无遗留物。例如,班组成员:"报告工作负责人,装表工作已经结束,现场清理完毕无遗留物。"

班组长:"好,和用户确认电能表止码与换表期间电费。"

然后工作人员就计量装置原表止度、失压记录与客户逐一核对,并请客户确认签字,同时向客户告知计量装置运行注意事项。

3.结束工作。

电能表调换工作已结束后,请客户检查并提出宝贵意见。例如,班组长:"侯村长(客户),调换工作已结束,请您检查并提出宝贵意见。"

客户:"好的。"

客户检查认可后,签字。

待客户签完字,工作人员施加封印并记录,清理现场,本次工作全部结束。

【思考与练习】

1.电能计量装置调换前现场准备工作有哪些?

2.电能表调换时应注意哪些安全措施?

任务 1.5　电能计量装置施工方案的编制

【教学目标】

● 知识目标

1.熟悉电能计量装置的分类及对计量器具的要求。

2.掌握电能计量装置的配置原则。

3.掌握低压客户负荷计算的方法。

4.掌握电能计量装置施工方案的编制方法及注意事项。

● 能力目标

1.能说明电能计量装置的分类。

2.能计算客户负荷。

3.能确定计量点、计量方式及二次回路。

4.能进行电能表、互感器的型号、额定电流、准确度等级的选择与配置。

● 态度目标

1.能主动学习,在完成任务的过程中发现问题、分析问题和解决问题。

2.能与小组成员协商、交流配合完成本次学习任务,养成分工合作的团队意识。

3.严格遵守安全规范,爱岗敬业、勤奋工作。

【任务描述】

按照《电能计量装置技术管理规程》(DL/T 448—2016)及《现场安装标准化作业指导书》对电能计量装置施工方案进行编制。

【任务准备】

1.课前预习电能计量装置选配原则及要求、选配方法。

2.根据任务工单完成客户用电设备情况的调查。

3.根据客户用电设备调查结果完成客户负荷的计算。

4.依据计算负荷正确选配客户电能表,并对结果进行分析、讨论。

5.填写任务工单的咨询、决策和计划部分。

【任务实施】

按照任务指导书实施任务。

任务指导书 1

工作任务	单相电能表的配置			学 时	2
姓 名		学 号		班 级		日 期	

任务描述:根据指定的客户(学院超市或用户家庭),进行客户用电设备调查,并计算客户实际负荷,正确完成电能表的选配。

一、咨询（课外完成）

1.熟悉电能计量装置的分类及配置原则与要求。

2.列出电能计量装置配置所需的相关数据资料。

二、决策（课外完成）

1.任务分工：

内　容	姓　名					

2.制订单相电能表配置的步骤和方法：

序　号	实施步骤	备　注

三、实施

1.该客户有哪些用电设备？其额定容量是多少？

2.如何确定客户的计算负荷？

3.如何选配客户计量装置？

任务指导书 2

工作任务	高压客户电能计量装置的配置		学　时	2
姓　名		学　号	班　级	日　期

　　任务描述:根据指定的客户,计算客户实际负荷,确定计量方式,正确完成电能计量装置的选配。

　　客户负荷情况:食品生产线一条 120 kW,办公区照明 60 kW,住宅楼 6 栋共 100 户(每户按 10 kW 计算),同时使用系数为 0.8。

一、咨询（课外完成）

1.熟悉电能计量装置的分类及配置原则与要求。

2.列出电能计量装置配置所需的相关数据资料。

续表

二、决策（课外完成）

1.任务分工：

内　容	姓　名					

2.制订客户电能计量装置配置的步骤和方法：

序　号	实施步骤	备　注

三、实施

1.给定的高压客户有哪些用电设备？各设备额定容量是多少？

2.如何确定客户的计算负荷？

3.客户计量装置如何选配？

【相关知识】

电能计量装置施工方案包括电能计量配置方案和现场施工方案。

1.5.1　电能计量装置的配置方案

（1）电能计量装置的分类

电能计量装置的分类依据《电能计量装置技术管理规程》（DL/T 448—2016）规定，运行中的电能计量装置按计量对象重要程度和管理需要分 5 类（Ⅰ、Ⅱ、Ⅲ、Ⅳ、Ⅴ）进行管理。

1）Ⅰ类电能计量装置

220 kV 及以上贸易结算用电能计量装置，500 kV 及以上考核用电能计量装置，计量单机容量 300 MW 及以上发电机发电量的电能计量装置。

2）Ⅱ类电能计量装置

110（66）~220 kV 及以上贸易结算用电能计量装置，220~500 kV 及以上考核用电能计量装置，计量单机容量 100~300 MW 发电机发电量的电能计量装置。

3）Ⅲ类电能计量装置

10~110（66）kV 及以上贸易结算用电能计量装置，10~220 kV 考核用电能计量装置，计量单机容量 100 MW 以下发电机发电量、发电企业（站）用电能的电能计量装置。

4）Ⅳ类电能计量装置

380 V~10 kV 电能计量装置。

5）Ⅴ类电能计量装置

220 V 单相电能计量装置。

（2）**电能计量装置配置的原则**

电能计量装置配置总的原则是：具有满足规范要求的正确性；具有实现计量公平的准确性；具有保证完成计量任务的可靠性；具有在线测量的不间断性；具有适应营抄管理需要的各项功能，具有可靠的封闭性和防窃电性能及安全性能，便于工作人员现场检查和带电工作。其配置原则如下：

①贸易结算用的电能计量装置原则上应设置在供用电设施产权分界处；在发电企业上网线路、电网经营企业间的联络线路和专线供电线路的另一端应设置考核用电能计量装置分布式电源的出口应配置电能计量装置，其安装位置应便于运行维护和监督管理。

②经互感器接入的贸易结算用电能计量装置应按计量点配置计量专用电压、电流互感器或者专用二次绕组。电能计量专用电压、电流互感器或专用二次绕组及其二次回路不得接入与电能计量无关的设备。

③电能计量专用电压、电流互感器或专用二次绕组及其二次回路应有计量专用二次接线盒及试验接线盒。电能表与试验接线盒应按一对一原则配置。

④Ⅰ类电能计量装置、计量单机容量 100 MW 及以上发电机组上网贸易结算电量的电能计量装置和电网企业之间购销电量的 110 kV 及以上电能计量装置，宜配置型号、准确度等级相同的计量有功电量的主副两只电能表。

⑤35 kV 以上贸易结算用电能计量装置的电压互感器二次回路，不应装设隔离开关辅助接点，但可装设快速自动空气开关。35 kV 及以下贸易结算用电能计量装置的电压互感器二次回路，计量点在电力用户侧的应不装设隔离开关辅助接点和快速自动空气开关等；计量点在电力企业变电站侧的可装设快速自动空气开关。

⑥安装在电力用户处的贸易结算用电能计量装置，10 kV 及以下电压供电的用户，应配置符合《电能计量柜》（GB/T 16934—2013）规定的电能计量柜或电能计量箱。35 kV 电压供电的用户，宜配置符合《电能计量柜》（GB/T 16934—2013）规定的电能计量柜或电能计量箱。未配置电能计量柜或电能计量箱的，其互感器二次回路的所有接线端子、试验端子应能实施封印。

⑦安装在电力系统和用户变电站的电能表屏，其外形及安装尺寸应符合《电力系统二次

回路保护及自动化机柜(屏)基本尺寸系列》(GB/T 7267—2015)的规定,屏内应设置交流试验电源回路以及电能表专用的交流或直流电源回路。电力用户侧的电能表屏内应有安装电能信息采集终端的空间,以及二次控制、遥信和报警回路的端子。

⑧贸易结算用高压电能计量装置应具有符合《电压失压计时器技术条件》(DL/T 566—1995)要求的电压失压计时功能。

⑨互感器二次回路的连接导线应采用铜质单芯绝缘线,对电流二次回路,连接导线截面积应按电流互感器的额定二次负荷计算确定,至少应不小于 4 mm²;对电压二次回路,连接导线截面积应按允许的电压降计算确定,至少应不小于 2.5 mm²。

⑩互感器额定二次负荷的选择应保证接入其二次回路的实际负荷在25%~100%额定二次负荷范围内。二次回路接入静止式电能表时,电压互感器额定二次负荷不宜超过10 V·A,额定二次电流为 5 A 的电流互感器额定二次负荷不宜超过 15 V·A,额定二次电流为 1 A 的电流互感器额定二次负荷不宜超过 5 V·A。电流互感器额定二次负荷的功率因数应为 0.8~1.0;电压互感器额定二次负荷的功率因数应与实际二次负荷的功率因数接近。

⑪电流互感器额定一次电流的确定,应保证其在正常运行中的实际负荷电流达到额定值的60%左右,至少应不小于30%。否则,应选用高动热稳定电流互感器,以减小变比。

⑫为提高低负荷计量的准确性,应选用过载 4 倍及以上的电能表。

⑬经电流互感器接入的电能表,其额定电流宜不超过电流互感器额定二次电流的 30%,其最大电流宜为电流互感器额定二次电流的 120%左右。

⑭执行功率因数调整电费的电力用户,应配置计量有功电量、感性和容性无功电量的电能表;按最大需量计收基本电费的电力用户,应配置具有最大需量计量功能的电能表;实行分时电价的电力用户,应配置具有多费率计量功能的电能表;具有正、反向送电的计量点应配置计量正向和反向有功电量以及四象限无功电量的电能表。

⑮交流电能表外形尺寸应符合《电能表外形和安装尺寸》(GB/Z 21192—2007)的相关规定。

⑯计量直流系统电能的计量点应装设直流电能计量装置。

⑰带有数据通信接口的电能表通信协议应符合《多功能电能表通信协议》(DL/T 645—2007)及其备案文件的要求。

⑱Ⅰ、Ⅱ类电能计量装置宜根据互感器及其二次回路的组合误差优化选配电能表;其他经互感器接入的电能计量装置宜进行互感器和电能表的优化配置。

⑲电能计量装置应能接入电能信息采集与管理系统。

1.5.2　低压客户电能表的选择与配置

低压供电客户是指采用低压 220/380 V 电压供电的客户,包括单相供电的客户和低压三相四线供电的客户。在《供用电营业规则》对低压供电的规定有:

①客户单相设备总容量不足 10 kW 的可采用 220 V 供电。在经济发达的省(自治区、直辖市)用电设备总容量可扩大到 16 kW;零散居民、农民客户每户基本配置用电容量,应根据各地经济发展状况,一般为 4~8 kW。

②客户用电设备容量在 100 kW 及以下或需用变压器容量在 50 kV·A 及以下者,可采用低压三相四线制供电,特殊情况也可采用高压供电。

③用电负荷密度较高的地区,经经济技术比较认为低压供电明显优于高压供电时,低压供电的容量界限可适当提高。

低压供电客户,负荷电流为 60 A 及以下时,宜采用直接接入式电能表;负荷电流为 60 A 以上时,宜采用经电流互感器接入式的接线方式。所以低压供电客户计量装置虽然不需要配置电压互感器,但当负荷大时要配置电流互感器。

下面主要对低压客户计量装置中的电能表进行配置。

电能表的配置主要是配置什么型号规格的电能表,主要选择电能表的电流、电压、准确度和型号等。公变下单相用户,根据各地计量箱现状、低压集抄方式、电费回收等管理需求选用不同类型的单相电能表。

电能表规格包括电流量程、电压量程及准确度。

①电流量程。电能表的电流量程即电能表的容量,包括标定电流和额定最大电流。

电能表量程选择要求,通过电能表的最大工作电流不得超过电能表的额定最大电流,最小工作电流不低于电能表标定电流的 20%(特殊时不低于 10%)。

直接接入式电能表,其标定电流按正常负荷电流的 30% 左右进行选择。

经电流互感器接入的电能表,由上面配置原则可知,其标定电流宜不超过电流互感器额定二次电流的 30%,其额定最大电流应为电流互感器额定二次电流的 120% 左右。如果电流互感器的二次额定电流为 5 A,则电能表的电流量程可采用 1.5(6)A;如果电流互感器的二次额定电流为 1 A,那么电能表的电流量程可采用 0.3(1.2)A。

为保证低负荷计量的准确性,应选用过负荷 4 倍及以上的电能表。当负荷变动特大的客户可选用 S 级电能表。

②电压量程。电能表的电压量程即电能表的额定电压。电能表的额定电压应与线路电压相符。高压三相三线表采用 3×100 V,高压三相四线表采用 3×100/57.7 V,低压三相四线表采用 3×380/220 V,低压单相表采用 220 V。

③准确度等级。Ⅳ类有功电能表准确度等级为 1.0,无功电能表准确度等级为 2.0;Ⅴ类有功电能表准确度等级为 2.0。

1.5.3　客户负荷计算方法

电能表电流量程的选择需要计算客户的负荷电流,下面介绍客户计算负荷的确定方法。

计算负荷是按照等效负荷,以满足电气元件的发热条件而计算出的负荷功率或负荷电流。常用的方法有需要系数法、二项系数法、单位面积耗电量法和单耗法等。

（1）需要系数法

需要系数法一般用于用电设备台数较多、各台设备容量相差不太悬殊时采用。

1）单个用电设备的计算负荷

①一般用电设备的计算负荷。一般用电设备包括长时、短时工作制设备。它包括一般电动机和照明电热设备。这样的单个用电设备铭牌上标明的额定功率 P_N 为计算负荷，即

$$P_C = P_N \tag{1.13}$$

式中　P_C——计算负荷，kW；

　　　P_N——用电设备额定功率，kW。

②反复短时工作制用电设备的计算负荷。它包括反复短时工作制电动机和电焊设备两种。对于反复短时工作制的单台用电设备，计算额定容量 P_{CN}（或 S_{CN}）即为计算负荷，即

$$P_C = P_{CN} \tag{1.14}$$

式中　P_C——计算负荷，kW；

　　　P_{CN}——用电设备计算额定容量，kW。

需要指出用电设备计算额定容量不是铭牌额定容量，需要依据铭牌额定容量按照设备暂载率进行换算，即 $P_{CN} = \sqrt{\varepsilon_N}\, P_N$。

③求单台电动机或少数几台电动机的计算负荷时，要考虑电动机的效率 η。

$$P_C = P_i = \frac{P_0}{\eta} \tag{1.15}$$

式中　P_C——计算负荷，kW；

　　　P_i——电动机输入功率，kW；

　　　P_0——电动机输出功率，kW。

2）用电设备组的计算负荷

当有多台工作性质相同或相似的一组用电设备时，其中有的设备可能满载运行，有的设备轻载或空载运行，还有的设备处于备用或检修状态。将所有影响计算负荷的诸多因素归并到一个系数来表示，即为需要系数 K_d。不同工作性质的设备需要的系数不同，其值一般可以查有关设计手册及设计标准中的需要系数表。

用电设备组的计算负荷，将用电设备组的设备容量之和乘以用电设备组的需用系数，即

$$P_C = K_d \sum P_N \tag{1.16}$$

式中　P_C——有功计算负荷，kW；

　　　K_d——需用系数；

　　　$\sum P_N$——用电设备组有功功率之和，kW。

3）多组用电设备的计算负荷

多组用电设备由于各组需要系数不尽相同，且各组最大负荷出现的时间也不相同，因此在确定多组用电设备计算负荷时，还要考虑一个同时系数 K_{sim}。

多组用电设备的计算负荷,首先分组计算各组用电设备的计算负荷,然后求各组用电设备计算负荷的总和,再乘以组间的最大负荷同时系数得到,即

$$P_\text{C} = K_\text{sim} \sum (K_\text{d} P_\text{N}) \tag{1.17}$$

式中　P_C——有功计算负荷,kW;

　　　K_sim——同时系数;

　　　K_d——需用系数;

　　　P_N——用电设备额定有功功率,kW。

【例 1.1】　某居民楼共有住户 60 户,每家平均容量为 8 kW,求该居民楼的计算负荷,并选配每户的计量装置(需要系数取 0.85)。

解:$\sum P_\text{N} = 60 \times 8 \text{ kW} = 480 \text{ kW}$

由式(1.16)得

$$P_\text{C} = K_\text{d} \sum P_\text{N} = 0.85 \times 480 \text{ kW} = 408 \text{ kW}$$

$$I = \frac{p}{U} = \frac{8\,000}{220}\text{A} = 36 \text{ A}$$

答:居民楼的计算负荷是 408 kW。属 V 类计量装置,每户配置 220 V,5(60)A,2.0 级单相电子(智能)电能表。

【例 1.2】　已知小批量生产的冷加工机床组,拥有额定线电压为 380 V 的三相交流电动机共 38 台,其中 7 kW 的 3 台、4.5 kW 的 8 台、2.8 kW 的 17 台、1.7 kW 的 10 台。请用需要系数法求该机床的计算负荷,并选配计量装置(需要系数取 0.15,综合功率因数为 0.5)。

解:$\sum P_\text{N} = (7 \times 3 + 4.5 \times 8 + 2.8 \times 17 + 1.7 \times 10)\text{kW} = 121.6 \text{ kW}$

$$P_\text{C} = K_\text{d} \sum P_\text{N} = 0.15 \times 121.26 \text{ kW} = 18.24 \text{ kW}$$

因为 $\cos \phi = 0.5$,所以 $\tan \phi = 1.732$。

$$Q_\text{C} = P_\text{C} \tan \phi = 18.24 \text{ kW} \times 1.732 = 31.56 \text{ kvar}$$

$$S_\text{C} = \frac{P_\text{C}}{\cos \phi} = \frac{18.24}{0.5}\text{kV} \cdot \text{A} = 36.5 \text{ kV} \cdot \text{A}$$

$$I = \frac{P_\text{C}}{\sqrt{3}\,U \cos \phi} = \frac{18\,240}{\sqrt{3} \times 380 \times 0.5}\text{A} = 55 \text{ A}$$

答:该机床的计算负荷是 36.5 kV·A,属 IV 类计量装置,配置 3×5(60)A,有功 1.0 级,无功 2.0 级三相四线电子(智能)电能表 1 只。

【例 1.3】　某照明用户,有彩电一台 80 W,白炽灯 10 盏,每盏 60 W,洗衣机一台 400 W,电炊具 1 000 W。问应选多大的电能表?

解:对于家庭照明,其功率一般装接容量或报装容量计算,功率因数按 1 考虑。

$$\sum P = (80 + 10 \times 60 + 400 + 1\,000)\text{W} = 2\,080 \text{ W}$$

$$I_\text{C} = \sum \frac{P}{U} = \frac{2\,080}{220}\text{A} = 9.45 \text{ A}$$

$I_b = 30\%I_C = 30\% \times 9.45\ \text{A} = 2.84\ \text{A}$

答:选择单相 220 V,5(60)A,2.0 级单相电子(智能)电能表。

【例 1.4】 某商店以三相四线供电,A 相接 3.5 kW 日光灯,B 相接 3 kW 日光灯、2.2 kW 白炽灯,C 相接 5 kW 日光灯。应选择多大的电能表?（日光灯功率因数为 0.55）

解:$I_A = \dfrac{3\ 500}{220 \times 0.55}\ \text{A} = 28.9\ \text{A}$

$I_B = \left(\dfrac{3\ 000}{220 \times 0.55} + \dfrac{2\ 200}{220} \right)\ \text{A} = 34.8\ \text{A}$

$I_C = \dfrac{5\ 000}{220 \times 0.55}\ \text{A} = 41.3\ \text{A}$

由于 C 相电流最大,按 C 相电流选择电能表的电流量程。

$I_b = 30\%I_C = 30\% \times 41.3\ \text{A} = 12.39\ \text{A}$

答:属Ⅳ类计量装置,可选择配置 3×5(60)A,有功 1.0 级,无功 2.0 级三相四线电子(智能)电能表 1 只。

(2)二项系数法

二项系数法适用于容量差别大,需要考虑大容量设备的影响,如机床加工车间。将总容量和容量最大的设备容量之和分别乘以不同的系数后相加,得出计算负荷,即

$$P_C = c \sum P_{n \cdot \max} + b \sum P_n \tag{1.18}$$

式中 $\sum P_n$——总容量;

$\sum P_{n \cdot \max}$——最大设备容量之和。

(3)单位面积耗电量法

将单位建筑面积所需功率乘以建筑总面积得计算负荷,即

$$P_C = \rho S \tag{1.19}$$

式中 ρ——单位面积功耗;

S——总面积。

(4)单耗法

单耗法是以总产量乘以单位耗电量来求计算负荷的。单位耗电量根据统计调查而得,或按产品单位耗电量乘以产品总数量得总电量 W,再与该类负荷的最大负荷利用小时数相除得计算负荷,即

$$P_C = \frac{W}{T_{\max}} \tag{1.20}$$

1.5.4 高压供电客户计量装置的配置

高压供电客户计量装置的配置除了确定电能表外,还需要选择和配置互感器,包括电流

互感器和电压互感器。

（1）智能电能表的配置

根据电能计量装置配置管理标准，智能电能表的配置如下：

①所有关口、计费用户都需要安装智能电能表，有功准确度等级应为 0.2S、0.5S、1、2 这 4 个等级，根据安装环境不同提出了推荐使用的电能表。特点：有功正反向、无功四象限，功率潮流变化大，负荷动态范围宽，信息采集频率高、数据传输量大，多费率分时计量、阶梯电价、拉合闸控制和功率因数考核功能。

②100 kV·A 及以上专变用户和关口计量点都比较重要，对计量可靠性和稳定性要求高，这些计量点比较分散，且都安装了管理终端（抄表终端）实现电能量数据实时上传，因此推荐使用 0.2S 级三相智能电能表、0.5S 级三相智能电能表、1 级三相智能电能表。

③100 kV·A 以下专变用户与公变下三相用户推荐使用 4 种类型电能表，从实施远程抄表的需求考虑，建议 1 级三相费控智能电能表与管理终端（抄表终端）配套使用，实现电能量数据实时上传。

④线路联络点、变电站内等考核计量点，推荐选用 0.5S 级三相智能电能表、1 级三相智能电能表、1 级三相费控智能电能表（无线）。

（2）互感器配置要求

互感器的选择项目主要有类型、额定电压、额定电流、额定容量和准确度等级。

计量用互感器的要求：对于 Ⅰ、Ⅱ、Ⅲ 类贸易结算用电能计量装置应按计量点配置计量专用电压、电流互感器或者专用二次绕组。电能计量专用电压、电流互感器或专用二次绕组及其二次回路不得接入与电能计量无关的设备。

1）额定电压

①电流互感器的额定电压 U_n 应不小于被测线路的额定相电压 U_L，即 $U_n \geq U_L$。

②电压互感器的一次额定电压 U_n 不小于接入的被测线路电压 U_L 的 0.9 倍，不大于接入的被测线路电压的 1.1 倍，即 $0.9U_L \leq U_n \leq 1.1U_L$；三相四线制的电压互感器二次电压通常为 $100/\sqrt{3}$ V、三相三线制的为 100 V。

2）额定电流

①电流互感器额定一次电流的确定，应保证其在正常运行中的实际负荷电流达到额定值的 60% 左右，至少应不小于 30%。否则应选用高动热稳定电流互感器以减小变比。

一般而言，电流互感器的一次电流为额定电流的 20%～120%，其励磁电流所占比重较小，计量比较准确。因此，一次最大电流不应超过一次额定电流的 120%。

②电流互感器的二次额定电流规定值为 5 A 或 1 A，一般为 5 A，弱电系统采用 1 A。

③当实际负荷电流小于 30% 额定一次电流时，且用电负荷变化较大，可选择宽量限 S 级电流互感器，或采用复合变比类型的电流互感器，或采用具有较高热稳定电流和动稳定电流的电流互感器。

3）额定负荷

互感器的额定负荷通常用额定容量表示，也可用负荷阻抗表示。

①互感器的二次负荷是影响互感器的误差的主要因素,当二次负荷超过额定二次负荷时,准确性将下降。为确保计量的准确性,一般要求测量用电流互感器和电压互感器的二次负荷 S_2 必须为额定二次负荷 S_{2n} 的 25%~100%,即 $25\%S_{2n} \leqslant S_2 \leqslant 100\%S_{2n}$。二次回路接入静止式电能表式,电压互感器额定二次负荷不应超过 10 V·A,额定二次电流为 5 A 的电流互感器二次负荷不应超过 15 V·A,额定二次电流为 1 A 的电流互感器额定二次负荷不应超过 5 V·A,电流互感器额定二次负荷的功率因数应为 0.8~1.0;电压互感器额定二次负荷的功率因数应与实际二次负荷的功率因数接近。

②计量专用电压互感器二次负荷一般为 50 V·A 及以下,计量专用电流互感器二次负荷一般取 40 V·A 及以下。

4)准确度等级

互感器的准确度等级应符合规定,具体要求见表 1.9。

表 1.9　电能表和互感器的准确度等级

电能计量装置类别	准确度等级			
	有功电能表	无功电能表	电压互感器	电流互感器
Ⅰ	0.2S	2	0.2	0.2S
Ⅱ	0.5S	2	0.2	0.2S
Ⅲ	0.5S	2	0.5	0.5S
Ⅳ	1	2	0.5	0.5S
Ⅴ	2	—	—	0.5S

注:0.2S 和 0.5S 中的 S 表示电能表和互感器在极低负荷下($1\%I_b$)的灵敏度、准确度比一般同等级的计量器具要高(S 级电能表与普通电能表的主要区别在于小电流时的特性不同,普通电能表对 5% 标定电流以下没有误差要求,而 S 级电能表在 1% 标定电流时误差也能满足要求,提高了电能表轻负载的计量特性。S 级电流互感器与普通电流互感器相比,最大区别在于 S 级电流互感器在低负荷时的误差特性比普通的更好。S 级计量器具的出现,有力地改善了负载变化及季节性负载、冲击性负载、轻负载的计量特性,尤其在目前用电企业经营状况波动大的情况下,对确保供用电双方的利益起到了良好的作用)。

5)额定功率因数

①计量用电压互感器额定二次功率因数,应与实际二次负荷功率因数相近。

②计量用电流互感器额定二次功率因数为 0.8~1.0(滞后)。

6)类型

①电流互感器的类型选择应根据安装地点(如户外、户内)和安装方式(如穿墙式、支持式、装入式)确定。

②电压互感器的类型选择应根据装设地点和使用条件进行。例如,6~35 kV 户内配电装置中,一般采用油浸式或浇注式,户外采用油浸式;6~35 kV 供电电压优先选用两台单相双绕组互感器,采用 V、v_0 接线。

③三相电路中,同一组互感器应采用制造厂、型号、额定电流、额定电压、额定变比、准确

度等级、二次容量均相同的互感器。

【例1.5】 某客户使用一台 100 kV·A、10/0.4 kV 的变压器,在低压侧应配置多大变比的电流互感器?

解:$I = \dfrac{S}{\sqrt{3}\,U} = \dfrac{100}{\sqrt{3}\times0.4}\text{A} = 144.5\text{ A}$

因为 $60\%I_N < I \leqslant I_N$,所以 $I_N = 150(200)$ A。

答:可配置 0.5S 级、额定变比为 150/5 或 200/5 的电流互感器。

【例1.6】 某工厂的总负荷为 190 kW,综合功率因数为 0.89,低压侧计量,应装设多大容量的电能表?应如何配置电流互感器?(需要系数取 0.8)

解:计算负荷 $P_C = K_d \sum P_N = 0.8 \times 190\text{ kW} = 152\text{ kW}$

$$I = \dfrac{P_C}{\sqrt{3}\,U\cos\phi} = \dfrac{152\,000}{\sqrt{3}\times380\times0.89}\text{A} = 259\text{ A}$$

因为 $60\%I_N < I \leqslant I_N$,所以 $I_N = 300(400)$ A。

答:应配置 3 台 0.5S 级、额定变比为 300/5 或 400/5 的电流互感器,电能表配置 3×1.5(6)A、$3\times380/220$ V 的三相四线电能表。

【例1.7】 某工厂新装一台容量为 315 kV·A 变压器,10 kV 供电,高压侧计量,应如何配置互感器和电能表?

解:$I = \dfrac{S}{\sqrt{3}\,U} = \dfrac{315}{\sqrt{3}\times10}\text{A} \approx 18.19\text{ A}$

因为 $60\%I_N < I \leqslant I_N$,所以 $I_N = 20(30)$ A。

答:电流互感器配置:2 台 0.5S 级、额定变比为 20/5 或 30/5 的电流互感器,采用不完全星形接线。

电压互感器配置:2 台 0.5 级、变比为 10/0.1 kV 的电压互感器,采用 V、v_0 接线。

电能表的配置:由于工厂容量大于 100 kV·A,需要考核无功功率,并且需执行分时电价,因此配置有功 0.5S 级、无功 2.0 级、3×1.5(6)A、3×100 V 的三相三线智能电能表。

1.5.5　计量二次回路的确定

①35 kV 以上计费用电能计量中电压互感器二次回路应不装设隔离开关辅助触点但可装设熔断器;35 kV 以下计费用电能计量中电压互感器二次回路应装设隔离开关辅助触点和熔断器。

②未配置计量箱(柜)的,其互感器二次回路的所有接线端子、试验端子应能实施铅封。

③互感器二次回路的连接导线采用铜质单芯绝缘导线,多根双拼的宜采用专用压接头。电压、电流回路各相导线应分别采用黄、绿、红色线,中性线应采用黑色线,接地线为黄与绿双色线,也可采用专用编号电缆。对电流二次回路,连接导线截面应按电流互感器的额定二

次负荷计算确定,至少应不小于 4 mm²,对电压二次回路连接导线截面应按允许的电压降计算确定,至少应不小于 2.5 mm²。

④电流互感器二次回路,严禁与计量无关设备连接。

⑤二次回路导线的额定中电压不低于 500 V。

⑥计量二次回路的电压回路,不得作其他辅助设备的供电电源,利用多功能表的失压、失流功能监察运行中的各项电压、电流和功率。

⑦二次回路具有供现场校验接线的试验接线盒。

1.5.6 电能计量柜的配置

电能计量柜的配置原则规定如下:

①按配电装置进出线方式(架空线或电缆)和方向(上进、下进、左进或右进)选择一次接线方案,按全国电能计量柜联合设计组编写的《电能计量柜设计安装手册》确定计量柜型号。

②对 6~35 kV 客户配电室,当采用相同电压等级的整体式电能计量柜时,可布置在进线开关柜之后(即第二柜)。

对于个别不设进线断路器,而采用屋外跌落式熔断器的配电室,计量柜可布置在第一柜。

③当客户配电室采用双电源供电时,在每个电源回路均应设置计量柜。

④已建成的客户配电室,在计量改造或新建客户配电室因场地狭小装设困难时,可采用电能计量装置和普通的测量保护用电压互感器合一的 PJ1-10D 型整体式电能计量柜。

⑤0.38 kV 低压整体式电能计量柜的装设位置可分为以下 3 种方式:

a.当用户负荷较大且设有单独的低压开关柜时,计量柜应布置在进线柜之后(即第二柜);

b.当用户负荷较小,没有单独的进线开关柜时,可采用内设进线的电能计量柜,此时电能计量柜布置在第一柜;

c.当负荷很小时,可采用带有进线开关和馈线开关的计量柜,而不再设置其他配电柜,此时,电能计量柜独立安装;

⑥下列情况可以装分体式电能计量柜:

a.35 kV 以上电压等级的电力用户;

b.0.38~35 kV 电压等级的电力用户,当装设整体式电能计量柜较困难时,或为了便于维护管理且用户设有专人值班的集中控制室或具有便于维护的场所者,可采用分体式计量柜。分体式计量柜应根据安装位置,选择与配电开关柜相互协调或独立安装的形式。

⑦采用分体式电能计量柜时,若配电装置采用成套开关柜,则需配备相应的互感器柜;若配电装置为装配式结构,则需装设相应的满足准确度等级要求的电流和电压互感器。

⑧居民用电计量装置应配置在符合要求的计量箱内。

1.5.7　客户计量方式的选择

任何一个供电点或受电点都应装设电能计量装置计量其供电量或用电量,根据客户的电压等级,同时考虑其负荷容量及特性可以确定客户电能的计量方式。

(1)电能计量点的设置原则

电能计量点是输、配电线路中装接电能计量装置的位置。一个计量点一般装设一套计量装置,但根据计量的重要性也可装设两套计量装置。

①贸易结算用电能计量装置,原则上设置在供用电设施产权分界处;如果产权分界处不具备装设电能计量装置的条件或为了方便管理将电能计量装置设置在其他合适位置的,其线路损耗由产权所有者负担。

②有两路及以上或有多个受电点的客户,应分别装设电能计量装置。

③一个受电点内不同电价类型的用电客户,应分别装设电能计量装置。

(2)电能计量装置的接线方式

①接入中性点绝缘系统的 3 台电压互感器,35 kV 及以上采用 Y/y 方式接线;35 kV 以下采用 V/V 方式接线。接入非中性点绝缘系统的 3 台电压互感器,采用 Y_0/y_0 方式接线。其一次侧接地方式和系统接地方式相一致。

②对三相三线制接线的电能计量装置,其 2 台电流互感器二次绕组与电能表之间采用四线连接。对三相四线制接线的电能计量装置,其 3 台电流互感器二次绕组与电能表之间采用六线连接。

(3)客户计量方式的分类及其适用范围

1)高供高计

①高供高计的概念。电能计量装置装设点的电压与供电电压一致且在 10(6)kV 及以上的计量方式,即高压供电在高压侧计量的方式。

②高供高计的适用范围。一般适用于供电电压在 10 kV、受电变压器容量在 315 kV·A 及以上;供电电压在 35 kV、受电变压器容量在 500 kV·A 及以上;有多电源的受电点不论容量大小均应采用高供高计的供电方式。

2)高供低计

①高供低计的概念。电能计量装置装设点的电压低于用户供电电压的计量方式,即高压供电在低一级电压侧计量电能的方式,称为高供低计。

②高供低计的适用范围。适用于除高供高计以外的高压供电用户。对 35 kV 公用配电网供电、容量在 500 kV·A 及以下的用户,或 10 kV 供电、容量在 315 kV·A 及以下的用户,可经低压电流互感器(TA)在低压侧计量。所有台区都采用高供低计的供电方式。

3)低供低计

①低供低计的概念。电能计量装置装设点的电压为低压,与供电电压一致,称为低供低计。

②低供低计的适用范围。适用于所有接在低压电网供电的用户。

1.5.8 电能计量装置现场施工方案

1.按照任务指导书实施任务。

任务指导书

工作任务	电能计量装置现场施工方案		学 时	2
姓 名		学 号		班 级		日 期	

任务描述:按照《电能计量装置技术管理规程》(DL/T 448—2016)、《国家电网公司计量标准化作业指导书》、《国家电网公司电力安全工作规程》(电力线路、变电、配电部分)对电能计量装置施工方案进行编制。

一、工作前准备

1.严格执行《国家电网公司电力安全工作规程》(2009 年版)的要求,做好施工的安全措施和施工前的安全技术措施。

2.了解现场作业环境条件,分析可能遇到的问题,提出有效的预防措施。

3.安全工器具应配置齐全,所有安全工器具经过定期检验且合格。

4.所有施工工器具的裸露部位应做好绝缘措施。

二、作业步骤及标准

1.安装顺序:互感器、二次连线、专用接线盒、电能表。

2.对新投运的计量箱柜进行验收,检查是否符合防窃电的要求;计量箱柜附件及导线线径配置是否合理。不同电价类别计量是否齐全,计量回路与出现隔离开关是否正确对应,连线前应检查互感器极性。

3.成套高压计量装置投运前,对计量二次回路应重点检查接线是否正确,计量配置和导线截面标识是否符合规程要求,连接是否可靠,接地是否合格,防窃电功能是否完备。

4.严格按照《电能计量装置安装接线规则》(DL/T 825—2002)的有关要求进行现场施工,要求做到布线合理美观整齐,连接可靠。

5.新装计量装置投运后,应将电能表示数、互感器变比等与计费有关的原始数据及时通知客户检查核对,必要时请客户在工作传票上签字确认。

三、作业后检查

(一)送电前的检查

1.计量器具型号、规格、计量法定标志、出厂编号等应与计量检定证书和技术资料的内容相符。

2.产品外观质量应无明显瑕疵和受损。

3.安装工艺质量应符合有关标准要求,检查电能表、互感器安装是否牢固,位置是否适当,外壳是否根据要求正确接地或接零等。

续表

4.电能表、互感器及其二次回路接线情况应和竣工图一致。检查电能表、互感器一、二次接线,以及专用接线盒,接线是否正确,接线盒内连接片位置是否正确,连接是否可靠,有无碰线的可能,安全距离是否足够,各接点是否坚固牢靠等。

5.检查进户装置是否按设计要求安装,进户熔断器熔体选用是否符合要求;检查有无工具等物件遗留在设备上。

6.按工单要求抄录电能表、互感器的铭牌参数数据,记录电能表起止码及进户装置材料等并告知客户核对。

（二）送电后的检查

1.检查二次回路中间触点、熔断器、试验接线盒的接触情况。对电能计量装置通以工作电压,观察其工作是否正常;用万用表（或电压表）在电能表端钮盒内测量电压是否正常（相对地、相对相）,用试电笔核对相线和中性线,观察其接触是否良好。

2.高压互感器必须经现场实际负荷下误差试验后合格。

3.接线正确性检查。用相序表核对相序,引入电源相序应与电能计量装置相序标志一致。带上负荷后观察电能表运行情况;用相量图法核对接线的正确性及对电能表进行现场检验（对低压电能计量装置该工作需在专用端子盒上进行）。

4.对计量电流、电压互感器按规程进行现场二次负荷和二次压降测试。

5.对最大需量表应进行需量清零,对多费率电能表应核对时钟是否准确和各个时段是否整定正确。

6.安装工作完毕后的通电检查,均需在竣工后 3 天内至现场进行一次核对检查。

四、清理施工现场

1.对电能表接线盒、试验接线盒、计量柜前后门、互感器箱前后门、电压互感器隔离开关把手、二次连线回路端子盒等应加装封印的部位加装封印。

2.检查、清点、整理、收集施工工具和施工材料。

3.作好应通知客户或需客户签字确认的其他事项。

2.危险点分析及安全措施见附录 1。

【思考与练习】

1.简述电能计量装置配置的总原则。

2.简述电能计量装置的分类。

3.Ⅲ类电能计量装置的使用对象有哪些?

4.说明Ⅱ类电能计量装置应配备的计量器具等级的最低要求。

5.简述 S 级电能表与普通电能表的区别。

任务 1.6 电能计量装置竣工验收

【教学目标】

- 知识目标

1.熟悉电能计量装置的验收要求。

2.掌握电能计量装置的竣工验收流程。

3.掌握电能计量装置的竣工验收的技术要点及注意事项。

- 能力目标

1.能进行电能计量装置验收工作方案的编制。

2.能进行电能计量装置试验验收的工作。

3.能对验收结果进行处理。

- 态度目标

1.能主动学习,在完成任务的过程中发现问题、分析问题和解决问题。

2.能与小组成员协商、交流配合完成本次学习任务,养成分工合作的团队意识。

3.严格遵守安全规范,爱岗敬业、勤奋工作。

【任务描述】

按照《电能计量装置技术管理规程》(DL/T 448—2016)及《现场安装标准化作业指导书》对电能计量进行竣工验收。

【任务准备】

1.认真学习电能计量装置现场验收的要点及预习教材中的相关知识等内容并完成老师布置的书面作业。

2.指导老师在多媒体教室(或一体化教室)了解学生的预习情况、解答疑问及交代注意事项,特别是安全注意事项。

【任务实施】

按照任务指导书实施任务。

任务指导书

工作任务	电能计量装置竣工验收			学　时	2
姓　名		学　号	班　级	日　期	

任务描述:按照《电能计量装置技术管理规程》(DL/T 448—2016)的要求在实训室完成电能计量装置竣工验收。

一、准备工作

每组准备好下列工具及材料:

1.电能表。

2.0.05 级及以上电能表现场校验仪。

3.电压互感器二次回路压降测试仪。

4.互感器二次负荷测试仪。

5.数字万用表。

6.便携式计算机。

二、验收项目

1.送电前验收项目。

①互感器检定(检验)。

②技术资料的完整性检查。

③现场核查。

2.送电后验收项目。

①电能表现场检验。

②二次压降测试。

③二次负荷测试。

三、工作程序

1.送电前验收。

①互感器检定(检验)。

②技术资料完整性检查(包括施工变更资料)。

a.图纸完整性,包括电气主接线图(含互感器配置信息);电流、电压回路图;电流、电压互感器二次出口端子图;电流互感器安装接线图;电压互感器安装接线图。

b.技术资料齐全,包括电压互感器、电流互感器产品说明书;电压互感器、电流互感器出厂检验报告;电能表、电压互感器、电流互感器检定证书(检验报告);失压计时仪检测报告;其他相关资料。

③现场核查。

a.核对计量器具型号、规格、出厂编号等是否与计量检定证书和技术资料的内容相符。

b.检查装置、器具外观是否完好无损,安装质量是否符合要求。

c.检查电能表的显示、按钮、电池是否正常并核对起始底度。

续表

d.检查计量屏(柜)门锁及铅封,试验接线盒,观察窗,主、副表配置及标志,柜体标志,警示标志,信号端子等是否符合要求。 e.检查二次回路导线线径、色标及封闭情况等是否符合要求。 f.检查电能表、互感器及其二次回路接线是否正确。 ④填写送电前验收报告,提出验收意见。 ⑤验收不合格的电能计量装置,提出整改意见,整改完成后再行验收。 **2.送电后验收** ①参照《电能表现场检验作业指导书》进行电能表现场检验。 电能表的误差不应超过等级指标,内部时钟不应超过 5 min。 ②参照《电压互感器二次回路压降现场测试作业指导书》进行电压互感器二次回路压降现场测试。 Ⅰ、Ⅱ类用于贸易结算的电能计量装置中电压互感器二次回路电压降应不大于其额定二次电压的0.2%;其他电能计量装置中电压互感器二次回路电压降应不大于其额定二次电压的 0.5%。 ③参照《电流、电压互感器实际二次负荷测试作业指导书》进行电流、电压互感器实际二次负荷测试。互感器实际二次负荷应在 25%~100%额定二次负荷的范围内。 ④填写送电后验收报告,提出验收意见。 ⑤验收不合格的电能计量装置,提出整改意见,整改完成后再进行验收。 **四、清理现场** 清理现场,保证计量箱内无工具、物件和其他杂物。

【相关知识】

1.6.1 电能计量装置投入运行前的现场验收工作内容

按照《电能计量装置技术管理规程》(DL/T 448—2016)要求,电能计量装置在投入运行前应进行全面验收。严格按照规程的规定做好验收工作,是对电能计量装置在运行后能够安全、正确、准确的计量提供的基本保证,现场验收的项目是现场核查、验收试验及验收结果的处理,具体内容见表 1.10。

表 1.10 现场验收工作内容

	第一项		第二项
现场检查	1.计量器具的型号、规格、计量法制标志、出厂编号应与计量鉴定证书和技术资料的内容相符	验收试验	1.检查二次回路中间触点、熔断器、试验接线盒的接触情况

续表

	第一项		第二项
现场检查	2.产品外观质量应无明显瑕疵和受损	验收试验	2.测量电流、电压互感器二次实际负载及电压互感器二次回路压降
	3.安装工艺质量应符合有关标准要求		3.检查接线的正确性
	4.电能表、互感器及其二次回路接线情况应符合竣工图		4.现场检验电流、电压互感器

在现场的核查及验收试验工作完成后,还应对验收结果进行以下处理:

①验收的电能计量装置应由验收人员及时实施封印。铅封的位置为互感器的各接线端子、电能表接线端子、计量柜(箱)门等;实施铅封后,应由运行人员确认铅封的完好状态并签字认可。

②经验收的电能计量装置应由验收人员填写验收报告,注明"计量装置验收合格"或者"计量装置验收不合格"及整改意见,整改后再行验收。

③验收不合格的电能计量装置禁止投入使用。

④验收报告及验收资料应归档。

1.6.2　电能计量装置竣工验收规范

(1)技术资料验收

①电能计量装置的计量方式原理图,一、二次接线图,施工设计图和施工变更资料、竣工图等。

②电能表及电压、电流互感器的安装使用说明书、出厂检验报告,授权电能计量技术机构的检定证书。

③电能信息采集终端的使用说明书、出厂检验报告、合格证,电能计量技术机构的检验报告。

④电能计量柜(箱、屏)安装使用说明书、出厂检验报告。

⑤二次回路导线或电缆型号、规格及长度资料。

⑥电压互感器二次回路中的快速自动空气开关、接线端子的说明书和合格证等。

⑦高压电气设备的接地及绝缘试验报告。

⑧电能表和电能信息采集终端的参数设置记录。

⑨电能计量装置设备清单。

⑩电能表辅助电源原理图和安装图。

⑪电流、电压互感器实际二次负载及电压互感器二次回路压降的检测报告。

⑫互感器实际使用变比确认和复核报告。

⑬施工过程中的变更等需要说明的其他资料。

（2）**现场核查**

①电能计量器具的型号、规格、许可标志、出厂编号应与计量检定证书和技术资料的内容相符。

②产品外观质量应无明显瑕疵和受损。

③安装工艺及其质量应符合有关技术规范的要求。

④电能表、互感器及其二次回路接线实况应和竣工图一致。

⑤电能信息采集终端的型号、规格、出厂编号，电能表和采集终端的参数设置应与技术资料及其检定证书/检测报告的内容相符，接线实况应和竣工图一致。

（3）**验收试验**

①接线正确性检查。

②二次回路中间触点、快速门动空气开关、试验接线盒接触情况检查。

③电流、电压互感器实际二次负载及电压互感器二次回路压降的测量。

④电流、电压互感器现场检验。

⑤新建发电企业上网关口电能计量装置应在验收通过后方可进入 168 h 试运行。

（4）**验收结果处理**

①经验收的电能计量装置应由验收人员出具电能计量：装置验收报告，注明"电能计量装置验收合格"或者"电能计量装置验收不合格"。

②验收合格的电能计量装置应由验收人员及时实施封印：封印的位置为互感器二次回路的各接线端子（包括互感器二次接线端子盒、互感器端子箱、隔离开关辅助接点、快速自动空气开关或快速熔断器和试验接线盒等）、电能表接线端子盒、电能计量柜（箱、屏）门等；实施封印后，应由被验收方对封印的完好状态签字认可。

③验收不合格的电能计量装置应由验收人员出具整改建议意见书，待整改后再行验收。

④验收不合格的电能计量装置不得投入使用。

⑤验收报告及验收资料应及时归档。

1.6.3　电能计量装置竣工验收步骤及技术要点

为了确保电能计量装置的准确、安全运行，电能计量装置投运前应具备以下条件：计量设备室内检定数据合格；计量设备选型与被测电路相适应；电能计量方式、接线方式和接线正确；二次回路的负荷值、电压降符合规程规定。检查是计量装置竣工验收的关键步骤和基础。检查分停电检查和带电检查两种。

（1）没有带电的情况下验收检查步骤

①对照工作单罗列的检查项目，对互感器、电能表及其他用电设备的型号和品牌、变比等进行检查。

②按照电力安全操作章程。检查电能表和互感器有没有松动的状况、有没有倾斜的情况、安全距离是否达标、螺钉是否牢固。

对互感器一、二次线的极性、电能表进出线的相别和端钮的对应状态进行检查，确保正确的对应关系。

A.互感器极性检查。互感器极性检查最原始的方法一般采用直流法进行。测量单相电压互感器极性的方法：将电池"＋"极接互感一次侧的"A"，电池"－"极接至"X"，将直流电压表"＋"极接互感器二次侧的"a"，"－"极接至"x"。在连接导线开关闭合或电池导通的瞬间，直流电压表应由零向正方向偏转，在连接导线开关断开或电池断开的瞬间，直流电压表应反方向偏转，则极性标示正确。测量电流互感器极性的方法：将电池"＋"极接互感一次侧的"L1"，电池"－"极接至"L2"，将直流电压表"＋"极接互感器二次侧的"K1"，"－"极接至"K2"。在连接导线开关闭合或电池导通的瞬间，直流电压表应由零向正方向偏转，在连接导线开关断开或电池断开的瞬间，直流电压表应反方向偏转，则极性标示正确。目前的互感器校验仪都有极性指示器，在测量电流互感器误差之前仪器可预先检查极性，若指示器没有指示则说明被试电流互感器极性正确（减极性）。

B.电能表接线检查。电能表接线检查主要根据规程和接线规则的要求进行对照逐一检查核对，送电前应检查以下内容：

a.检查电能表、互感器是否检验，是否贴有检定合格证。

b.检查电能表、互感器外观是否完好，安装是否规范、牢固，各处接线端子螺栓是否全部拧紧，线头是否外露。

c.电能表端钮盒的接线端子，应以"一孔一线""孔线对应"为原则。检查电能表的接线是否正确，特别要注意电流、电压互感器一、二次侧的极性与电能表的进出端钮、标号及相别是否对应。

d.检查电压互感器一次侧熔断器是否导通，熔丝端弹簧铜片夹的弹性及接触面是否良好，是否氧化。检查电流、电压互感器的二次侧及外壳是否接地，接地是否良好。

e.检查所有应加封印位置的封印是否完好、清晰、无遗漏。

f.清理工作现场，检查工具、物体等不能遗留在计量设备上。

g.要确保互感器以及电能表正确接线，用手拉动接线螺钉，查看是否旋紧，连接是否牢靠，外壳有没有接地。

h.专用接线盒中的短路片装置一定要正确，检查接线盒的接线情况，尤其是对加固电流进出线的螺丝进行检查，用手拉一拉，查看是否有松动的情况。

i.对互感器二次回路的检查，查看连接导线采用的材质是否为铜质的绝缘导线，检查导线的截面有没有破损、是否符合规章要求。

C.二次回路接线检查。电能计量规程和典型设计规定电能计量装置安装时二次回路分相应采用不同颜色的导线。二次回路检查主要包括以下内容：

a.检查线型，二次回路的连接导线应采用铜质单芯绝缘线。

b.检查二次导线截面电压回路是否为 2.5 mm² 及以上，电流回路是否为 4 mm² 及以上，中间不能有接头和施工伤痕。

c.检查二次回路数字标号是否规范、正确，通过万用表进行导通测试。

③对计量柜用设备开关、电流电压表、功率因数表进行彻查，主要是检查接线情况，接线的安全与否，避雷器有没有正确接线。

④确保封印完好无损且清晰。

⑤确保不要有任何工具及其他物品落在设备上。

⑥记录有功和无功电能表的起止码、互感器变比、登录数据，通知用电用户进行数据核对，签字盖章，最后建立档案。

（2）带电的验收检查步骤

带电检查是直接在二次回路上进行测量的，一定要严格遵守电力安全工作规程，特别要注意电流互感器二次回路不能开路，电压互感器二次回路不能短路。

①用万能电表检查电能表中的线电压和相电压正确与否。一是看多功能电子表显示的电压是否完整，在显示屏是否显示 UuUvUw 或 UaUbUc，是否有闪烁相。二是看电压显示选项各相电压值与万用表实测值是否一致。

用万用表测量电能表电压各端钮间的电压，如测得电压数据与正常值相差较大时，说明电压互感器回路存在高压熔丝熔断、断线及极性接反的情况。

②通过相序表校对相序的准确度。看相序。一是看多功能电子表显示的相序是否为正相序，因为按规程规定三相电能表应按正相序接线；二是如电能表显示正相序，是否与相序表测量结果一致。

用相序表测量三相电压相序，确定是正相序还是逆相序。在不存在断线和极性接反的情况下，三相电压的正相序有 3 种情况：UuUvUw、UvUwUu、UwUuUv；三相电压的逆相序也有 3 种情况：UuUwUv、UvUuUw、UwUvUu。若是三相三线制的电能计量装置，再根据已判断的接地相为 V 相，就能确定其电压实际相序。

③正常情况下零线段和外壳是不应该带电的，电能表面的中线和相线应该是对接的，这个环节的检查工作使用验电笔即可。

④空载检查电能表有没有潜动的情况。

⑤这个环节一定要带有负载进行检查，主要目的是查看电能表是不是正转，表的转动速度是否正常，查看有没有反转、停止转动的异常现象。

⑥在负荷对称的情况下，采用抽中相电压检查的方法，将中相拔出，并且需要注意的是此时三相二元件电表转速应慢一半左右。

⑦做跨相电压试验，将 A、C 两相电压相交，在功率因数滞后的情况下，有功表停转。

⑧按照规章制度加封电能表箱。

⑨如果是很复杂的计量装置，在第一次验收 3 天后需要再重新进行一次验收工作，以确

保计量装置正常运行。

（3）校对验收技术的相关资料

①计量装置的验收人员要及时作好封印处理,封印的位置包括互感器二次回路的各接线端、封闭式接线盒以及电能端、计量柜的门等。进行封印完毕后应有相关的人员进行签字确认。

②检查工作内容的正确性,凭证是否齐全,有没有证件遗漏,确认客户、施工人员及封表人员是不是都已盖章签字。以上全部程序进行完毕后要将所有材料全部确认整理移交给相关部门建立档案。还需要注意的是,在移交这些材料之前,还要将有关内容都登记在电能计量装置台上,按要求把电能计量装置的相关账、卡、册子都填写清楚。

③已经经过验收的电能计量装置交给验收人员,让其完善相关的验收报告。标志"电能计量装置验收合格"的字样,如果验收不合格,就需要标志"电能计量装置验收不合格",并且给出相应的意见,根据意见校验之后还需再进行一次验收。必须要明确的是:如果电能计量装置没有通过验收这个关卡,绝对不可投入使用中。

（4）验收技术资料审查

审查内容主要包括一、二次接线图,原理接线图,施工设计以及相关变更的详细资料;电流、电压互感器的相关使用说明,进出厂检验报告单,相关检验认证书等;计量柜或者计量箱的使用说明书以及出厂检验报告;电缆或者二次回路导线的规格、长度、型号等说明;电压互感器二次回路的说明书;高压电气设备的使用说明以及检验认证书;在进行检修过程时所有的已应用的资料。

1.6.4 电能计量装置使用异常问题分析

（1）电能计量装置故障分析

在实际工作过程中,电能计量装置的精确性都是具有一定保障的,但是若电能计量装置长期处在恶劣的环境下进行工作,或者是自身的产品质量不合格以及配置不优良等问题,就会导致电能计量装置在运行过程中出现故障问题,从而失去计量的精确度。一旦电能计量装置失去了自身计量的精确度,就会导致其采集来的数据与现实数据产生偏差,从而使得用电户或者电力企业的利益受到损害。电能计量装置故障问题的严重性与装置的设计水平和制造水平有着直接的关联,因此电力企业在竣工验收过程中,必须通过一定的方法,确保电能计量装置的设计以及制造质量,进而避免电能计量装置出现故障问题。

（2）系统干扰分析

电能计量装置在运作过程中由于系统干扰现象的存在也会导致计量异常现象的产生,系统干扰主要是指电力系统中的电磁谐波干扰,电力系统在运作过程中,由于电流的不断经过,不可避免地会产生电磁谐波,这种电磁谐波一旦作用到电能计量装置上,就会使电能计量装置的精确性受到极大的干扰,从而导致电能计量装置的计量结果失去准确性,进而影响电力企业收纳电费的公正性。为了有效地避免系统干扰对电能计量装置造成的影响,电力企业要在竣工验收过程中,全方位检查电能计量装置的防干扰部件的工作质量,使得电能计量装置的防干扰能力得到保障,削弱了电磁谐波的干扰能力,最大限度地减弱系统干扰的影响。

（3）窃电分析

目前随着电价的不断增高,一些用电大户为了节省在缴纳电费方面的支出,往往铤而走险选择非法窃电的方法,非法窃电的方法是人为故意导致的电能计量装置异常问题,这种电能异常问题的产生是由于人为对电能计量装置进行了改动,致使电能计量装置记录的使用电能数据比用户实际使用的要低,进而减少用电户在电费方面的支出。随着科学技术的不断发展,非法分子窃电的方法也呈现出了多样化状态,为了切实解决非法窃电问题,电力企业就要在电能计量装置的防窃电技术上下大力,并且做好电能计量装置的竣工验收工作,使得通过竣工验收工作之后,每个电能计量装置的防窃电能力都可以得到保障,进而在电能计量装置的实际应用过程中,对非法窃电行为做到有效的打击。

【思考与练习】

1.电能计量装置验收要点有哪些？
2.简述电能计量装置未带电情况下的验收步骤。

情境 2 低压接户线、进户线及配电设备安装

【情境描述】

按行业标准及技术管理规程介绍低压架空接户线、进户线及配电设备安装和低压电缆接户线、进户线及其附件安装操作程序、工艺要求和质量标准。

【情境目标】

1.掌握安装接电常用材料的选配、电源进户方式和进户装置种类及安装方法；
2.掌握各种导线的连接方法、施工步骤技术要求和技术规范；
3.掌握电缆地埋、杆上固定、穿管等施工敷设技术和电缆终端头的制作要求；
4.掌握低压接户线安装工程图的识图知识。

【教学环境】

装表接电实训室(或一体化教室)、多媒体课件、电能计量教学视频、施工工作单。

任务 2.1   低压架空接户线及计量箱的安装

【教学目标】

• 知识目标
1.掌握安装接电常用工具的选配、电源进户方式和进户装置的种类。

2.掌握常用导线规格、安全载流量、连接和技术规范。

3.掌握低压接户线、进户线及计量箱、附件安装操作流程、工艺质量标准和验收标准。

- 能力目标

1.能识绘低压接户线、进户线安装工程图。

2.能合理选择电工工具和导线材料。

3.能合理选择低压电源的接入方式。

4.能按照《国家电网公司计量标准化作业指导书》完成低压接户线、进户线及计量箱、附件的安装。

- 态度目标

1.提高主动学习的能力,提高现场分析、解决问题的能力。

2.学会交流沟通和团队协作。

3.提高学生的实践能力、创造能力、就业能力和创业能力。

【任务描述】

按照《电能计量装置安装接线规则》(DL/T 825—2002)、《电能计量装置技术管理规程》(DL/T 448—2016)、《国家电网公司计量标准化作业指导书》正确进行低压接户线、进户线及计量箱、附件的安装。

【任务准备】

1.认真学习《低压接户线、进户线及计量箱、附件安装标准化作业指导书》及预习教材中的相关知识点并完成布置的作业。

2.指导教师在教室讲解本课程的主要知识点,了解学生对本课程知识的预习情况并进行疑难解答,指出在实施过程中的技术要点及安全注意事项。

【任务实施】

按照任务指导书实施任务。

任务指导书 1

工作任务	低压架空接户线及计量箱的安装			学　时	2
姓　名		学　号	班　级	日　期	

任务描述:按照《电能计量装置安装接线规则》(DL/T 825—2002)要求,在实训场地完成低压接户线、进户线及计量箱、附件安装。

一、工作前准备

每组准备好下列材料和工具:

1.计量箱。

2.BLV-16 聚氯乙烯绝缘铝导线若干米。

3.门型横担、两线横担、PVC 管、金具若干以及相关材料。

4.安装工具一套(活动扳手、老虎钳、尖嘴钳、冲击钻等)、登高工具、安全工具等。

二、现场作业步骤及标准

(一)固定设备

1.墙面横担安装。

将蝶形绝缘子安装在门型横担上,并固定牢固,在墙壁合适位置上选择门型横担定位点,门型横担安装一般要求离地高度为 3 m,用金属膨胀螺栓将门型横担固定在墙壁上,注意,横担安装必须平整牢固。安装实物如图 2.1 所示,蝶式绝缘子,角钢支持四线进户安装如图 2.2 所示。

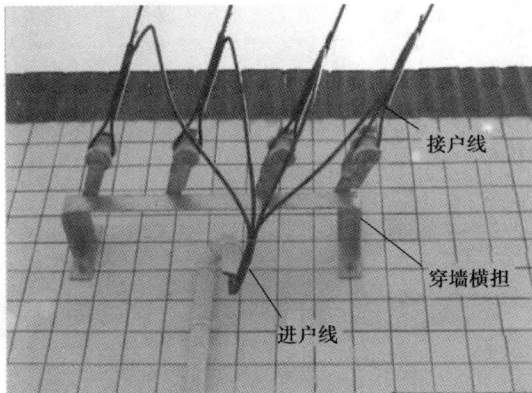

图 2.1　墙面横担安装实物图

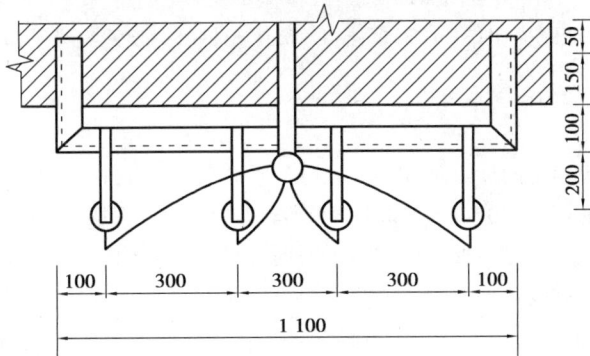

图 2.2　蝶式绝缘子,角钢支持四线进户安装图

续表

图 2.3　计量箱安装实物图

2.计量箱安装。

计量箱应安装在门型横担的下方,计量箱底部离地以 1.9 m 为宜,根据计量箱不同的材质,用不同的固定材料,金属计量箱一般使用金属膨胀螺栓固定,工程塑料的计量箱一般采用塑料膨胀管进行固定,计量箱安装应垂直,不得歪斜,安装应牢固,安装位置应有利于抄表人员检查和抄录电度表。安装实物如图 2.3 所示。

3.接户线横担安装。

将蝶形绝缘子安装在横担上,并固定牢固,对单相进线用户,应采用两线横担,横担安装在接户线下方的反方向上。安装实物如图 2.4、图 2.5 所示,安装示意图如图 2.6 所示。

图 2.4　接户线横担安装实物图

图 2.5　接户线横担安装实物图

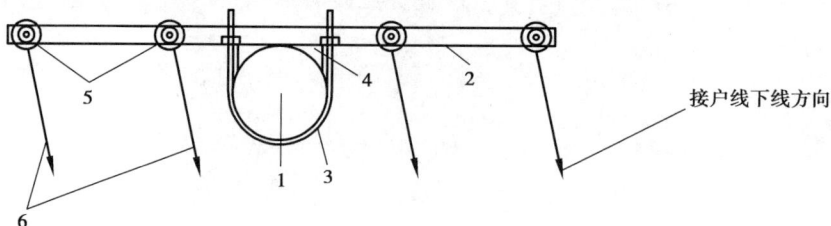

图 2.6　接户线横担安装示意图

1—接户杆;2—四线横担;3—U 形螺栓;4—M 形垫铁;5—蝶式绝缘子;6—接户线

（二）接户线、进户线安装

1.截取导线。

量取从计量箱到门型横担的尺寸,此处要预留导线从表箱进口到进线断路器(或熔丝)的距离,要预留如接头、滴水弯、导线从横担下引的转弯和进表箱的转弯等尺寸。再量取从门型横担到接户线搭接点长度,此处要预留搭接长度,考虑导线在上下绝缘子捆扎的长度,并考虑引流线及造型的长度,将两长度相加,留适当裕度后,截断导线。

2.导线固定。

将截取下的导线在接户杆横担绝缘子处固定,采用边槽绑扎法(具体操作见相关知识点),绑扎时要考虑引流线和造型及搭接长度,导线在接户杆横担固定后,将导线在门型横担绝缘子上固定,同样采用边槽绑扎法。

3.进户线安装。

将导线穿过PVC管及PVC管弯头,在门型横担下方,将导线弯曲为滴水弯,导线穿入计量箱进线口,用镀锌管卡固定PVC管,将已穿入计量箱的导线在合适位置剥去绝缘层,使用铜铝过渡线鼻(或对铝芯进行搪锡处理),将其接入进线断路器(熔断器)上桩头。

4.接户线搭接。

接户线的搭接一般有两种方法:一种是并沟线夹搭接;另一种是缠绕法搭接(搭接具体操作见相关知识点),在搭接过程中,要尽可能地缩短过渡线的长度,同时为防止雨水顺接户线线芯流下,在搭接处,应将接户线向上翘起,作一个50~100 mm半圆弧引下,示意如图2.7所示。

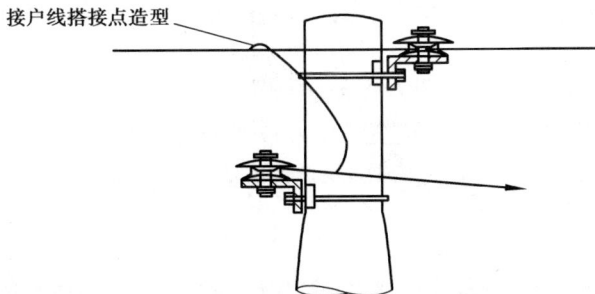

图2.7 接户线搭接引下线制作示意图

三、作业后检查

各小组针对安装好的接户线、进户线、计量箱进行接线正确、安装工艺、规范方面的检查。

四、清理施工现场

清理施工现场,保障现场没有遗留工器具、材料、物件和其他杂物。

任务指导书2

工作任务	低压接户线、进户线及计量箱、附件安装(三相、铜导线)			学　时	2
姓　名		学　号	班　级	日　期	

任务描述:按照《电能计量装置安装接线规则》(DL/T 825—2002)要求,在实训场地完成低压接户线、进户线及计量箱、附件安装。

一、工作前准备

每组准备好下列材料和工具:

1.计量箱。

2.BV-16聚氯乙烯绝缘铜导线若干米。

3.门型横担、两线横担、PVC管、金具若干以及相关材料。

4.安装工具一套(活动扳手、老虎钳、尖嘴钳、冲击钻等)、登高工具、安全工具等。

续表

二、现场作业步骤及标准

（一）固定设备

1.墙面横担安装。

将蝶形绝缘子安装在门型横担上,并固定牢固,在墙壁合适位置上选择门型横担定位点,门型横担安装一般要求离地高度为3 m,用金属膨胀螺栓将门型横担固定在墙壁上,注意,横担安装必须平整牢固。

2.计量箱安装。

计量箱应安装在门型横担的下方,计量箱底部离地以1.9 m为宜,根据计量箱不同的材质,用不同的固定材料,金属计量箱一般使用金属膨胀螺栓进行固定,工程塑料的计量箱一般使用塑料膨胀管进行固定,计量箱安装应垂直,不得歪斜,安装应牢固,安装位置应有利于抄表人员检查和抄录电度表。

3.接户杆横担安装。

将蝶形绝缘子安装在横担上,并固定牢固,对三相进线用户,应采用四线横担,横担安装在接户线下方的反方向上。

（二）重复接地制作（农网台区已安装剩余电流保护装置的不作重复接地）

接户线重复接地装置选择圆钢或角钢制作的接地极,根据地形、地质条件和接地电阻值决定接地极的位置和接地极的根数。根据现场条件,依据规范进行重复接地制作。

（三）接户线、进户线安装

1.截取导线。

量取从计量箱到门型横担的尺寸,此处要预留导线从表箱进口到进线断路器(或熔丝)的距离,要预留如接头、滴水弯、导线从横担下引的转弯和进表箱的转弯等尺寸。再量取从门型横担到接户线搭接点的长度,此处要预留搭接长度,考虑导线在上下绝缘子捆扎的长度,并考虑引流线及造型的长度,将两长度相加,留适当裕度后,截断导线。在这里要考虑的是4根进线,可能因进线位置使长度不一致。

2.导线固定。

将截取下的导线在接户杆横担绝缘子处固定,采用边槽绑扎法(具体操作见相关知识点),绑扎是要考虑引流线和造型及搭接长度,导线在接户杆横担固定后,将导线在门型横担绝缘子上固定,同样采用边槽绑扎法。

3.进户线安装。

将导线穿过PVC管及PVC管弯头,在门型横担下方,将导线弯曲为滴水弯,导线穿入计量箱进线口,用镀锌管卡固定PVC管,将已穿入计量箱的导线在合适位置剥去绝缘层,将其接入进线断路器(熔断器)上桩头。

4.接户线搭接。

在这里要注意的是,由于用户的接户线是铜导线,因此只能采用并沟线夹搭接;由于主线一般是铝导线,因此在此处搭接必须采用铜铝过渡并沟线夹。在搭接过程中,要尽可能地缩短过渡线的长度,同时为防止雨水顺接户线线芯流下,在搭接处,应将接户线向上翘起,作一个50~100 mm半圆弧引下,示意图如图2.7所示。

三、作业后检查

各小组针对安装好的接户线、进户线、计量箱进行接线正确、安装工艺、规范方面的检查。

四、清理施工现场

清理施工现场,保障现场没有遗留工器具、材料、物件和其他杂物。

【实例】

本案例是某供电所人员为某村一个低压家庭用户新安装接户线和进户线计量箱的操作实例,也是家庭用户安装接户线和进户线计量箱的现场安装实例。

本项工作分以下 4 个步骤:前期准备工作、现场准备工作、安装接户线和进户线计量箱以及验收、结束工作。

一、前期准备工作

1.勘查现场。

班组在接受工作任务后,首先到现场勘察,确定安装方案,具体步骤如下:

①核查该用户家庭用电负荷;

②了解地形、线路布局及其他设备架设安装情况;

③确定接户杆位置及接户线、进户线的固定方案;

④绘制接户线、进户线、计量箱安装示意图;

⑤认为条件具备时,可通知用户安装时间,以便配合。

2.召开班前会。

现场方案确定后,由班组长组织全体工作人员召开班前会,学习《电业安全工作规程》有关章节,分析本次工作的危险点,制订预控措施和两措计划,进行安全思想教育,并就安装方案进行讨论、分工。

3.领取工程器材。

①工作人员根据工程器材材料表领取工程器材。

②领取时应详细检查所采用的器材是否满足国标技术要求,不应使用来路不明、没有规范标志的器材。

由于此项工作是新客户装表接线,配电及低压线路、设备均不带电,故不办理工作票,但必须做必要的安全技术措施。

4.准备工器具。

该工作使用的工器具有压接钳、万用表、冲击电钻、紧线器、登高工具、小榔头、套筒扳手、各人工器具等。

二、现场准备工作

装表接电人员到达现场后,工作负责人首先向工作班成员交代工作任务、现场带电部位、安全技术措施及安装方案,并进行分工。

首先,工作人员应了解安全技术措施。新装接户线、进户线的安全措施如下:

①拉开配变低压刀闸。

②拉开配变高压丝具。

③在配变高压引线上挂接地线一组、在配变低压引线上挂接地线一组,保留的带电部位是配变高压丝具上桩头及以上线路带电。

针对现场实际情况补充以下安全措施:

①核对线路名称及杆号。

②登杆前检查杆基及杆上情况。

③上杆后系好安全带。

④扶好梯子注意防滑。

工作人员在明确自己的任务及责任后,开始进行现场准备工作:

①检查工器具、材料,并连接临时电源。

②在搭接杆主线上验电。

③验明确无电压后,在搭接杆主线搭接处挂接地线一组。挂接地线时应先打接地端,后挂导线端。上述操作均应戴绝缘手套。

三、安装接户线、进户线、计量箱及附件

安装接户线、进户线、计量箱及附件的具体步骤如下:

1.墙面横担安装。

在墙面上固定门型横担。

2.固定计量箱。

计量箱应水平垂直固定。

3.杆上横担安装。

在接户杆上安装接户横担。

4.重复接地制作。

制作方法见知识点(农网台区已安装剩余电流保护装置的不做重复接地)。

5.安装接户线、进户线。

①安装接户线、进户线时,首先应准确截取接户线、进户线的长度。

②在接户杆接户横担绝缘子上固定接户线。

③在门型横担绝缘子上固定接户线。

④将进户线穿管引入计量箱,管内穿线总截面积不大于管内面积的40%,固定保护管。

⑤将进户线与计量箱内断路器(熔断器)进线端连接牢固,铜铝连接时要采取铜铝过渡措施,进户线在计量箱内应有一定裕度。

⑥将接户线与主线搭接。

四、验收、结束工作

1.检查。

工作人员安装完毕后,按工作分工各自进行检查并清理现场。

2.验收。

工作负责人对新装接户线、进户线、计量箱及附件进行全面验收,检查有无遗留物。例如,班组成员:"报告工作负责人,接户线、进户线、计量箱及附件安装工作已经结束,现场清理完毕无遗留物。"

班组长:好,下面进行电能表安装工作。

微课　电能计量
装置的选配

【相关知识】

2.1.1　接户线

接户线是从低压线杆上的下户绝缘子,到用户室外第一个支承点之间的一段导线。接户线又称为引下线和下户线(图2.8)。用户建筑物外墙上的角钢支架或用户自己装设的电杆统称为第一支持点。低压架空接户线间距不宜太远,超过25 m就应加装接户杆。

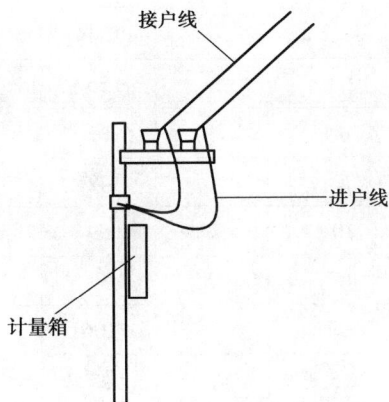

图2.8　接户线、进户线示意图

2.1.2　进户线

由接户线(或套户线)引至用户室内第一支持点的一段导线称为进户线。

微课　电能表的
主要技术参数

接户线都应选择绝缘导线,不允许在线路档距中间悬接,线间距离不得小于 150 mm,导线截面积的大小应根据档距、载流量和架设方式来确定,最小应符合表 2.1 的规定。导线截面积应根据用户容量进行选择,农村采用绝缘导线的,电能表进、出线不能低于 4 mm²;采用绝缘铝线的,电能表进、出线不能低于 6 mm²;城市应采用绝缘铜线,电能表进、出线不能低于 10 mm²。

表 2.1　接户线及沿墙布线的允许截面积

架线方式	档距	铜芯线/mm²	铝芯线/mm²
自杆上引下	10 m 以下	2.5	4.0
	10~25 m	4.0	6.0
沿墙布线	6 m 及以下	2.5	4.0

导线材质、类型及大小的选择,要根据用户使用的环境、负荷大小及经济原则来选择,最重要的是根据用户的负载功率计算出实际工作电流,从而选择导线。因接户线、进户线较短,一般只考虑导线的允许载流量。500 V 铜芯绝缘导线长期连续负荷允许载流量见表 2.2。

表 2.2　500 V 铜芯塑料绝缘导线长期连续负荷允许载流量表

导线截面/mm²	线芯结构 股数	导线明敷设 25 ℃ 塑料	塑料绝缘导线多根同穿一根管内时允许负荷电量/A 25 ℃					
			穿金属管			穿塑料管		
			2 根	3 根	4 根	2 根	3 根	4 根
2.5	1	25	20	18	15	18	16	14
4	1	32	27	24	22	24	22	19
6	1	42	35	32	28	31	27	25
10	7	59	49	44	38	42	38	33
16	7	80	63	56	50	55	49	44
25	7	106	80	70	65	73	65	57
2.5	1	32	26	24	22	24	21	19
4	1	42	36	31	28	31	28	25
6	1	55	47	41	37	41	36	32
10	7	75	65	57	50	56	49	44
16	7	106	82	73	65	72	65	57
25	7	138	107	95	85	95	85	75

接户线对道路、地面设施和周围建筑物的距离,应满足安全要求,见表2.3。

表2.3　接户线对道路、地面设施的最小距离

类　别	最小距离/m
至大路中心的垂直距离	5.0
至小路中心的垂直距离	3.0
至屋顶的垂直距离	2.0
至窗户以上距离	0.3
在窗户或阳台以下距离	0.8
至窗户或阳台的水平距离	0.75
至墙壁构架的距离	0.05
至树木的距离	0.6
至通信、广播线路的上方距离	0.6
至通信、广播线路的下方距离	0.3

2.1.3　低压架空接户线及计量箱

计量箱的安装工艺和一般要求如下:

①居民单相电能表按"一户一表"的原则,要保证电气安全、计量准确可靠和封闭性,并考虑不扰民和方便用户使用,以及供电企业对计量装置的抄表、换表等日常维护工作因素。

②分散的单户住宅用电,计量点宜设置在用户门外和院墙门外左右侧;相对集中的住宅区用电,计量点宜采用集中安装方式,计量点宜设置在墙面或其他合适的位置;多层住宅区,宜集中设置在负一层至一层半之间的墙面上、配电间或其他适合的位置。

③电能计量箱安装在居民楼道和用户外墙上,其安装高度以表的最高观察窗口中心线距地面不高于1.8 m为宜,固定在电杆上的安装高度箱底距地1.9 m为宜。

④电能计量箱统一采用防燃性能好、防窃性能好的透明表箱或不锈钢表箱,箱内进线断路器按照电能计量箱内实际表计位数和每户用电容量计算;出线断路器应选择带漏电电流保护型的,并根据负荷电流和可能出现的最大短路电流选择适合的断路器。

⑤采用电缆进线时,应在箱内进线开关室可靠固定电缆及电缆接头,并穿PVC管敷设,其穿线管插入箱内开关室内的长度不小于20 mm并能可靠固定。

⑥单相表安装应垂直牢固,两只表之间的间距不小于30 mm,导线应保证横平竖直,接触良好。铜导线不得外露,相线、中性线应采用不同颜色区分。

⑦导线截面积应根据用户容量进行选择,农村采用绝缘制线的,电能表进、出线不能低于4 mm^2,采用绝缘铝线的,电能表进、出线不能低于6 mm^2;城市应采用绝缘铜线,电能表

进、出线不能低于 10 mm²。

⑧计量箱封闭措施良好,计量箱要具备防雨、防锈、防小动物、防窃电的要求。计量箱门(盖)应加锁加封。

2.1.4 并沟线夹搭接

操作人员在杆上选择一个合适的位置,在做好安全措施后,将接户线与主线之间的过渡线头造型,剥除适当长度的绝缘,并整理为与主线平行。选择适当型号的并沟线夹,使用铝包带将线夹压接到导线部位缠紧,将处理好的导线安装在并沟线夹夹口内,使用扳手将线夹螺栓压紧即可。施工中,按照《民用建筑电气设计规范》(JGJ 16—2008)规定,应采用双线夹搭接,以加强接触的可靠性。其示意图如图 2.9 所示。

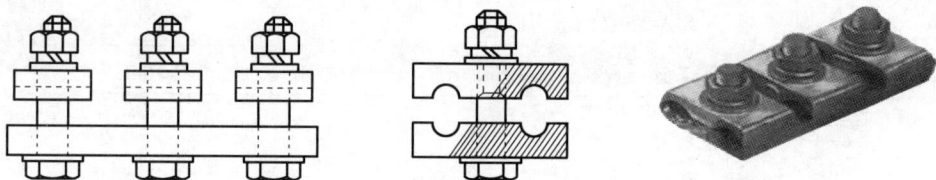

图 2.9 并沟线夹示意图

2.1.5 缠绕法搭接

操作人员在杆上定位并完成人体绝缘安全处置,将接户线与主线之间的过渡线头做造型后,截断多余导线,剥除需要搭接导线的外绝缘,将事先准备好已经卷成直径约为 100 mm 的铝扎线头拉出一段,在接户线头靠绝缘处扎两圈,扎线短头与导线平行延长 3~5 cm,将接户线与主线靠接在一起,左手稳住导线(或使用钢丝钳),右手将扎线顺势紧密缠绕两根导线,当缠绕 2~3 匝后,使用钢丝钳刀口根部,以刚好夹住扎线顺势用力,将扎线缠绕更紧,不断重复一直缠绕,当双线被缠绕的绑扎长度满足技术要求时(截面积小于 35 mm² 的导线,绑扎长度应不小于 150 mm),使用钢丝钳将扎线两端提起绞紧,在其绞合部位至根部 20~40 mm 处剪断,使用钢丝钳头的平面部位,将其拍至导线平行即可。缠绕法搭接示意图如图 2.10 所示。

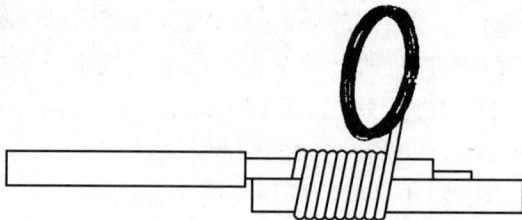

图 2.10 绑扎导线扎线示意图

2.1.6　边槽绑扎法

蝶式绝缘子采用边槽绑扎法(终端绑扎法),扎线使用事先准备的裸铝线,将扎线一头顺导线预留 150~250 mm,另一头的扎线圈顺绝缘子绕一圈与导线交叉回头至绝缘子两根导线平行处的根部缠绕,缠绕长度视接户线跨距,当跨距大时(接户线导线张力大),扎接的缠绕长度应适当长一些。当双线被缠绕的绑扎长度满足要求时,可将引流线分开,继续将接户线与扎线的另一平行线头紧紧缠绕 5~10 圈,使用钢丝钳将扎线两端提起绞紧,在其绞合部位至根部 2~4 cm 处剪断,使用钢丝钳头的平面部位,将其拍至与导线平行即可。其示意图如图 2.11 所示。

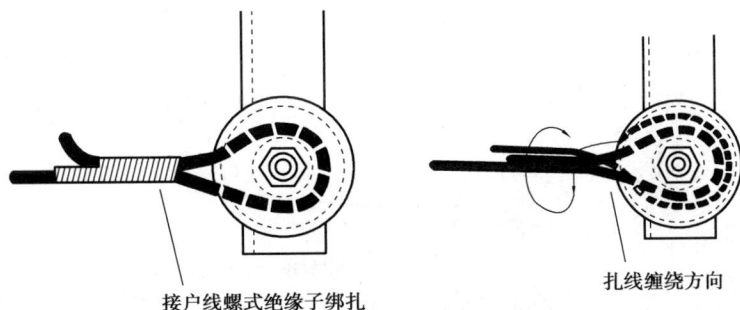

接户线螺式绝缘子绑扎　　　　扎线缠绕方向

图 2.11　低压蝶式绝缘子绑扎示意图

2.1.7　过渡引流线的处理

过渡引流线(引流线、弓子线)主要指接户线杆上绝缘子固定在搭接头之间的一段导线。除美观、对称外,应尽可能地缩短过渡线的长度。为防止雨水顺接户线线芯流下,影响进户线侧电器的绝缘安全,在主线搭接处,将接户线向上翘起造型,作一个 50~100 cm 半圆弧引下。其示意图如图 2.7 所示。

2.1.8　电力金具

电力金具是连接和组合电力系统中的各类装置,起传递机械负荷、电气负荷及某种防护作用的金属附件。

按作用及结构可分为悬垂线夹、耐张线夹、UT 线夹、连接金具、接续金具、保护金具、设备线夹、T 形线夹、母线金具、拉线金具等类别;按用途可分为线路金具和变电金具。

2.1.9 低压杆上导线排列顺序

导线在横担上的排列应符合如下规律,即当面向负载时,从左侧起 L1、N、L2、L3;和保护零线在同一横担上架设时,导线相序排列的顺序是:面向负载,从左侧起为 L1、N、L2、L3、PE(L1、L2、L3 分别对应 A 相、B 相、C 相)。

2.1.10 重复接地

在三相四线制进户线安装工程中,常采用在进户点制作重复接地装置的方式来满足用户侧接地保护的要求和防止因就中性线断路时发生中性点漂移的供电事故。重复接地安装示意图如图 2.12 所示。

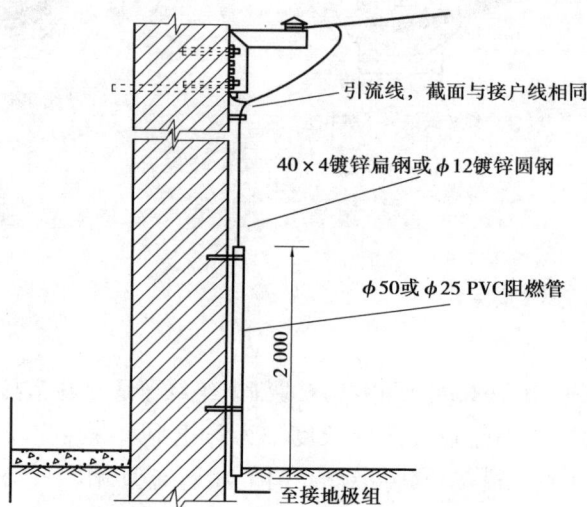

图 2.12 重复接地安装示意图

2.1.11 接地极要求

一般接地极的要求为大于等于 $\phi 20 \times 2\,000$ mm 镀锌圆钢或小于 $40 \times 40 \times 4 \times 2\,500$ 镀锌角钢。接地极之间的连接以及引出地面采用 40×4 镀锌扁钢或 $\phi 16$ 镀锌圆钢,接地极与接地线的连接必须电焊或气焊,焊接面不少于 3 边。扁钢搭接长度不小于宽度的 2 倍,3 个棱边都要焊接。圆钢引下线搭接长度不小于圆钢直径的 6 倍,两面焊接。所有焊接面都要清除焊药,同时作防腐处理。接地体及引出地面部分,应作热镀锌处理。焊接制作示意图如图 2.13 所示。

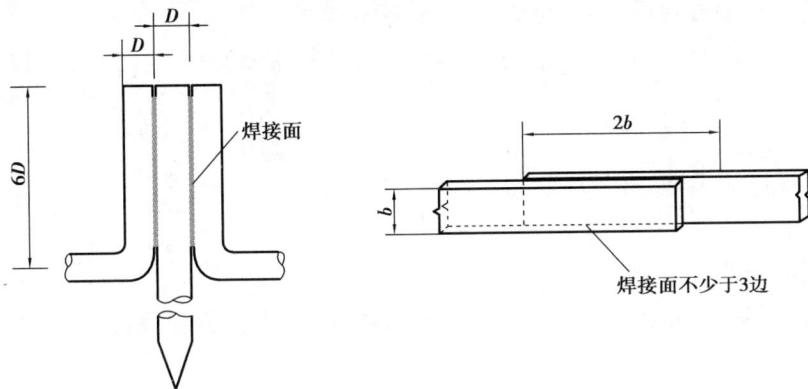

图 2.13　接地极焊接示意图

2.1.12　接地电阻规定

根据《电气安装交接试验标准》(GB 50150—2006)规定,1 kV 以下电力设备,当总容量小于 100 kV·A 时,接地阻抗允许大于 4 Ω 但不得大于 10 Ω。

【思考与练习】

1.什么是接户线? 什么是进户线?

2.计量箱安装的基本要求是什么?

3.计量箱内有哪些设备? 安装的基本要求是什么?

4.导线为什么要做滴水弯? 不做会有什么后果?

5.导线搭接的基本要求是什么? 铜、铝导线直接搭接的后果是什么? 为什么?

6.本任务在施工过程中的危险点是什么?

任务 2.2　低压电缆接户线、进户线及其附件安装

【教学目标】

● 知识目标

1.掌握安装接电常用工具的选配、电源进户方式和进户装置种类。

2.掌握常用电缆导线规格、安全载流量、连接和技术规范。

3.掌握低压电缆接户线、进户线及计量箱、附件安装操作流程、工艺质量标准和验收标准。

- 能力目标

1.能识绘低压接户线、进户线安装工程图。

2.能合理选择电工工具和导线材料。

3.能合理选择低压电缆的接入方式。

4.能按照《国家电网公司计量标准化作业指导书》完成低压电缆接户线、进户线及计量箱、附件安装。

- 态度目标

1.提高主动学习能力,提高现场分析、解决问题的能力。

2.学会交流沟通和团队协作。

3.提高学生的实践能力、创造能力、就业能力和创业能力。

【任务描述】

按照《电能计量装置安装接线规则》（DL/T 825—2002）、《电能计量装置技术管理规程》（DL/T 448—2016）、《国家电网公司计量标准化作业指导书》正确进行低压接户线、进户线及计量箱、附件安装。

【任务准备】

1.认真学习《低压电缆接户线、进户线及计量箱、附件安装标准化作业指导书》及预习教材中的相关知识点并完成布置的作业。

2.指导教师在教室讲解本课程的主要知识点,了解学生对本课程知识的预习情况并进行疑难解答,指出在实施过程中的技术要点及安全注意事项。

【任务实施】

按照任务指导书实施任务。

任务指导书

工作任务	低压电缆接户线、进户线及其附件安装			学 时		2
姓 名		学 号		班 级	日 期	

任务描述:按照《电能计量装置安装接线规则》(DL/T 825—2002)要求,在实训场地完成低压电缆接户线、进户线及计量箱、附件安装。

一、工作前准备

每组准备好下列材料和工具:

1.计量箱。

2.低压电缆若干米。

3.双横担、单横担、低压户外熔断器式隔离开关、PVC 管、金具若干以及相关材料。

4.安装工具一套(活动扳手、老虎钳、尖嘴钳、冲击钻等)、登高工具、安全工具等。

二、现场作业步骤及标准

(一)前期工作

1.准备工作。

准备和检查本次作业所需要的工器具,准备电缆保护管,电缆保护管露出地面部分应不小于2 m。制作过渡引流线4根,用于熔断器式隔离开关与主线之间的连接,过渡引流线采用与主线同材质导线,一头压接铜铝过渡接线鼻,准备用于与熔断器式隔离开关接线端相连接,另一端与主线连接,如图2.14所示。

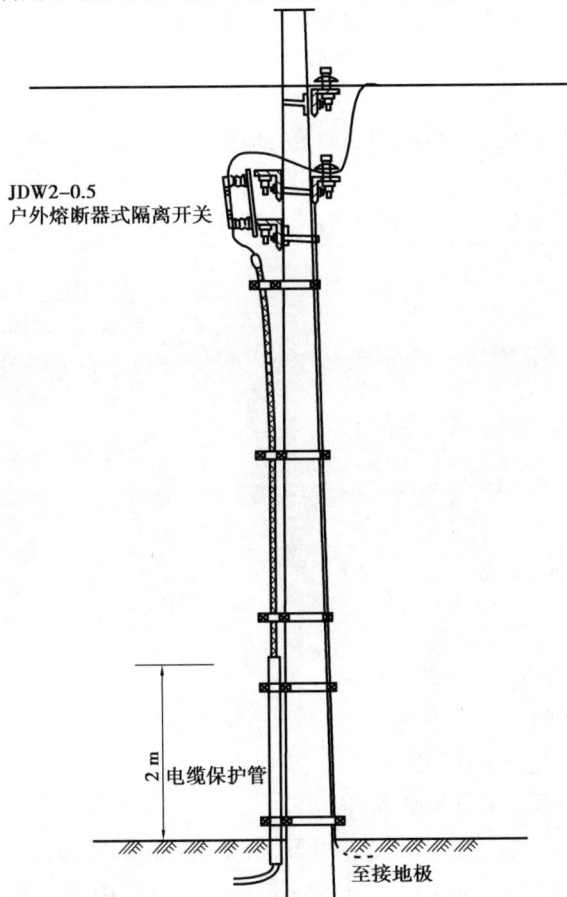

**JDW2-0.5
户外熔断器式隔离开关**

2 m

电缆保护管

至接地极

图2.14 电缆接户工程安装示意图

续表

2.计量箱安装。 计量箱底部离地以1.9 m为宜,根据计量箱不同的材质,选用不同的固定材料,金属的计量箱一般使用金属膨胀螺栓固定,工程塑料的计量箱一般采用塑料膨胀管进行固定,计量箱安装应垂直,不得歪斜,安装应牢固,安装位置应有利于抄表人员检查和抄录电度表。 **(二)电缆敷设** 电缆敷设一般有直埋、穿管、电缆沟、架空这几种敷设方式。 电缆敷设一般可从登杆处向计量箱方向进行,电缆敷设注意事项参见知识点。 在电缆敷设完成后,在搭接杆脚下挖一个备用电缆埋设坑(穿管或电缆沟敷设直接上杆),将电缆上杆尺寸以及预留长度确定后,切断多余电缆,穿入电缆保护管,制作电缆头。电缆头制作参见知识点。 **(三)杆上作业** 在搭接杆上安装电缆固定金具及电缆头固定金具、熔断器式隔离开关安装金具、跨接线固定脚绝缘子金具、使用滑轮吊绳将在地面制作完成的低压电缆头连同电缆提升至杆上熔断器式隔离开关出线侧下方位置,调直电缆,调整电缆方向,使其方便与熔断器式隔离开关连接,将电缆用电缆卡固定在电杆上。 **(四)电缆连接** 将电缆头出线三相与熔断器式隔离开关出线侧连接,注意,电缆的中性线不接入熔断器式隔离开关。将过渡引流线压接的铜铝过渡接线鼻用螺栓固定在熔断器式隔离开关进线侧,将过渡引流线于主线搭接,一种是并沟线夹搭接,另一种是缠绕法搭接(搭接具体操作见相关知识点)。 **三、作业后检查** 各小组针对安装好的接户线、进户线、计量箱进行接线正确、安装工艺、规范方面的检查。 **四、清理施工现场** 清理施工现场,保障现场没有遗留工器具、材料、物件和其他杂物。

【相关知识】

2.2.1 电缆的敷设

(1)敷设基本要求

①电缆具备防护措施。

②敷设整齐美观,固定牢固可靠。

③电缆与各种设施间的距离符合规定要求。

④电缆与主网及负荷的连接应装设隔离开关和熔断器。

⑤电缆在两头应留有1~2 m裕量,以备重新封端或制作电缆头用。

⑥电缆从地下引出地面时,地面上2 m一段,应采用镀锌金属管(或硬塑胶电缆管)

保护。

⑦电缆金属铠装及金属保护管应可靠接地。

（2）电缆敷设环境条件

①便于维护。

②电缆路径最短。

③与城市建设规划无冲突。

④无受外部因素破坏危险。

（3）电缆敷设技术要求

1）室内、电缆沟敷设

①无铠装的电缆在室内明敷，应在电缆支架上敷设。水平敷设时，距地面不应小于 2.5 m；垂直敷设时，距地面不应小于 1.8 m。当电缆需沿墙面垂直敷设时，应参照电缆上杆的方式，对至地面 1.8 m 电缆加以保护（钢管或金属护网）。

②相同电压等级的电缆并列明敷时，电缆的净距不应小于 35 mm，低压电缆与控制电缆及高压电缆应分开敷设，当需要并列敷设时，其净宽距离不应小于 150 mm。

③在下列地方应将电缆加以固定：垂直敷设或超过 45°倾斜敷设的电缆，在每一个支架上；水平敷设的电缆，在电缆首末两端及转弯、电缆接头的两端处。

④电缆支架一般为角钢焊接，钢结构电缆支架所用钢材应平直，无显著弯曲。下料后长短差应在 5 mm 范围内，切口处应无卷边、毛刺。

⑤钢支架应焊接牢固，无显著变性。支架各横撑间的垂直净距应符合设计要求，其偏差不应大于 2 mm，当设计无规定时，层间净距应不小于两倍电缆外径加 10 mm。

⑥电缆各支持点间的距离应按设计规定，当设计无规定时，不应大于表中的数值。

2）管道内电缆敷设

①在下列地点，电缆应有一定机械强度地方保护管或加装保护罩：电缆进入建筑物、隧道、穿过楼板及墙壁处；从沟道引至电杆、设备、墙外表面或房屋内行人容易接近处的电缆，距地面高度 2 m 以下的一段；其他可能受到机械损伤的地方。保护管埋入地面的深度不应小于 100 mm（埋入混凝土内的不作规定），伸出建筑物散水坡的长度不应小于 250 mm，保护罩根部应与地面取平。

②管道内部应无积水，无杂物堵塞。穿电缆时，为避免护层损伤，可采用无腐蚀性的润滑剂。

③电缆穿管时，应符合下列规定：每根电力电缆应单独穿入一根管内；电力电缆不得与裸铠装控制电缆穿入同一管内；敷设在混凝土管、陶土罐、石棉水泥管内的电缆，宜使用塑料护套电缆。

3）电缆埋地敷设

①电缆室外直埋敷设深度不应小于 0.7 m，直埋农田时，不小于 1 m，电缆的上下部位均匀铺设细沙层，其厚度为 0.1 m，当使用混凝土护板或砖等保护层时，其宽度应超出电缆两侧各 50 cm。

②电缆通过下列地段应穿管,管径不应小于电缆外径的 1.5 倍;建筑物和构筑物的基础、散水坡、楼板和穿过墙体处;道路和可能受到机械损伤的地段;电缆引出地面 2 m 至地下 0.2 m 处人、畜容易接触使电流可能受到机械损伤的部位;埋地敷设的电缆之间及其与各种设施平行或交叉的净距离,应符合表 2.4 的规定。

表 2.4　电缆之间及其与各种设施平行或交叉的净距离

项　目	敷设条件	
	平行/m	交叉/m
建筑物、构筑物基础	0.5	—
电杆	0.6	—
乔木	1.5	—
灌木丛	0.5	—
1 kV 以下电力电缆之间,以及与控制电缆之间	0.1	0.5(0.25)
通信电缆	0.5(0.1)	0.5(0.25)
热力管道	2.0	(0.5)
水管、压缩空气管	1.0(0.25)	0.5(0.25)
可燃气体及易燃液体管道	1.0	0.5(0.25)
道路	1.5(与路边)	1.0(与路边)
排水明沟	1.0(与沟边)	0.5(与沟边)

③严禁将电缆平行敷设于管道的上面或下面。

a.电缆与铁路、公路、城市街道、厂区道路交叉时,应敷设在坚固的保护管或隧道内。电缆管的两端宜伸出道路路基两边各 2 m;伸出排水沟 0.5 m;在城市道路应伸出车道路面。

b.电缆管的弯曲半径应符合所穿入电缆弯曲半径的规定,见表 2.5。

表 2.5　电缆最小允许弯曲半径

电缆种类	电缆最小允许弯曲半径	电缆种类	电缆最小允许弯曲半径
聚氯乙烯绝缘电缆	10D	聚氯乙烯绝缘电缆	15D

每根电缆管最多不应超过 3 个弯头,直角弯不应多于两个。

4)架空敷设

①此类敷设一般采用钢缆作为电缆的悬空定位支撑,除钢缆的架设技术要考虑敷设环境外,电缆定位一般采用通信电缆架空敷设的镀锌钢丝吊卡或专用电缆夹具,见表 2.6。

表 2.6　电缆各支持间的距离

电缆种类	支架上敷设		钢索上悬吊敷设	
	水平/m	垂直/m	水平/m	垂直/m
电力电缆	0.4	1.0	0.75	1.5

②在架设施工中,应考虑电缆吊卡或夹具经电缆所形成的闭合回路在电力处于三相不平衡大电流运行时,可能产生的涡流引起的热效应损害电缆的绝缘。设计方案时,需要采取技术措施,防止吊卡或夹具产生涡流。严禁使用闭合导磁金属吊卡或夹具。

③对于聚合塑胶绝缘材料制作的电力电缆的室外方式,除生产厂家注明外,环境温度应高于 0 ℃。

④电缆进入电缆沟、隧道、竖井、建筑物、盘(柜)以及穿入管道时,出入口应封闭,管口应密封。封闭材料要满足防火、防水、防鼠害等功能。

2.2.2　低压三相四线电力电缆终端头的制作

①确认电缆型号规格与设计方案一致并经试验合格。

②确认电缆终端头的配件齐全,并符合要求。

③根据电缆与设备连接的具体尺寸,在电缆上做好标记,切除多余电缆,根据电缆头套件型号尺寸要求,剥除电缆外护套,如图 2.15 所示。

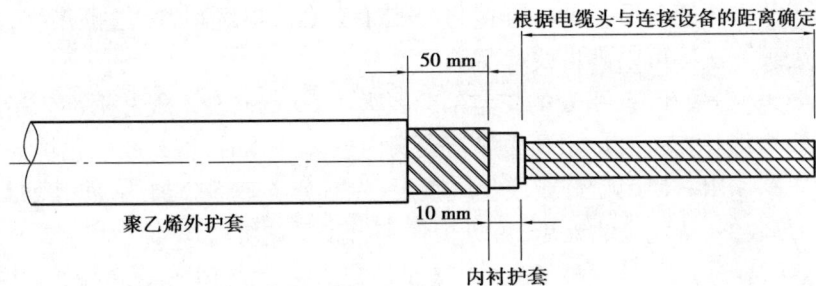

图 2.15　电缆头制作尺寸示意图

④锯除铠装。开锯前用细铁丝或铜丝将电缆钢铠锯断处做临时绑扎,防止锯时钢铠晃动松脱。用细齿钢锯在第一道卡子位置再延长 5 mm 处,将钢铠锯一环形锯痕,不得锯透。用平口螺丝刀将锯痕钢铠的尖角处挑起,使用钳子将钢铠顺锯痕撕断,用平板锉将断口毛刺修整光滑。

⑤制作安装钢带卡箍。将接地线焊接部位的钢铠表面防锈漆打磨干净,用制作的钢带卡子把接地线和钢铠紧密的卡接在一起;卡箍的作用是防止钢铠松脱,固定接地编制软铜线。采用剥离下来的废弃钢铠,可用铁皮剪刀将钢铠一分为二,按照图 2.16 制作。

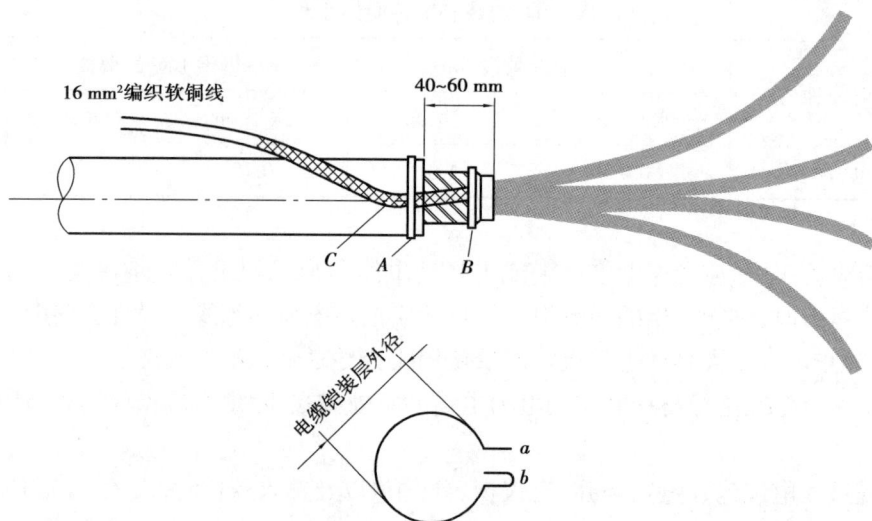

图 2.16　钢带卡箍制作示意图

图中"A"部位的绑扎是将接地线定位,防止接地线焊锡点受力,可用钢铠箍绑扎,也可用 2.5~4 mm² 单股铜线镀锡后绕扎。

⑥焊接铠装接地线(16 mm² 裸铜编织软线)。使用 300 W 或 500 W 电烙铁,将图中"B"点前后接地软铜线可靠焊接在两层钢带上,不能将电缆内绝缘烫伤。要求将图中"C"部位长 15~20 mm 的软铜编织带镀满焊锡,防止水分沿线芯浸入。

⑦剥除电缆分支部分护套及填料。

⑧电缆头填充。一种是使用电缆填充料(或电工塑料带)将四芯分叉以及统包根部包裹成球形,再套入分支手套。另一种是直接将分支手套套入电缆根部,进行热缩,对于低压电力电缆,两种处理方法都可以满足技术要求。

⑨安装(热缩)分支手套,指套的统包部分要大于 60 mm,套入线芯根部。指套内要有预涂的密封胶(由电缆热缩头套厂家预先涂在套头内壁),加热时,密封胶软化填充头套内部空间,起到密封防潮作用。使用喷灯或液化气喷炬,先对分支套部分加热,使其均匀收缩,逐步向统包导管加热收缩,待完全收缩后,可见少量密封胶受热挤出。

⑩安装压接接线端子(接线鼻子)。以接线鼻管的深度加 10 mm,剥除线芯绝缘,清除管内及线芯表面的氧化层,在线芯上涂抹导电膏(或中性凡士林),调节好线鼻方向,用压线钳将线鼻与线芯压接,应采用六角压模,不少于两模。

⑪安装分相热缩管。分相热缩管要将指套套入 20~30 mm,接线鼻侧要套入 30 mm,也可使热缩管稍长,待热缩完成后,用电工刀将多余部分切割掉,使用喷灯或喷炬,沿手指根部向上均匀加热,使热缩管均匀收缩至四指完全收缩为止。

⑫安装热缩防雨罩。在处理好的分相线芯上的适当位置,套入 1~2 个热缩防雨罩,加热后,使其紧密地紧缩在分相线芯上,使电缆头在安装位置,雨水不会顺线芯流下。

⑬将相色箍热缩在接线鼻根部。

⑭将终端头固定在预定位置上,如图 2.17 所示。

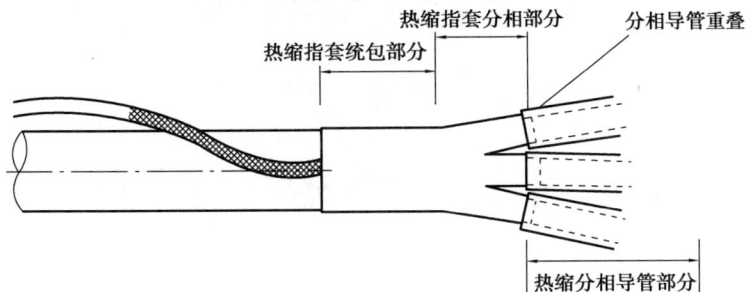

图 2.17　电缆头制作工艺示意图

2.2.3　低压三相四线电力电缆终端头制作的注意事项

①剥除多余绝缘时,应防止割伤线芯绝缘。

②根据电缆头安装位置,预先确定分线芯长度。

③对热缩材料加热时,应了解材料热缩比性能,不能过度加热,以防止材料炭化损坏。

④制作好电缆头的电缆在安装过程中应保护好电缆头,防止绝缘损坏。

【思考与练习】

1.电缆敷设的基本要求有哪些? 为什么在电缆敷设时要考虑留有余量?

2.电缆头在制作时的基本要求有哪些?

3.为什么要使用热缩材料(冷缩材料)对电缆头进行封闭处理? 不处理的后果是什么?

4.本任务在施工过程中的危险点是什么?

情境 3　电能计量装置的接线检查与处理

【情境描述】

按行业标准及技术管理规程介绍电能计量装置的接线检查操作程序、工艺要求及质量标准。

【情境目标】

1.掌握用相量图法判断电能计量装置错误接线方式的方法和原理。

2.掌握低压三相四线电能计量装置错误接线等异常现象分析、判断方法，并进行故障处理。

3.掌握高压三相三线电能计量装置错误接线等异常现象分析、判断方法，并进行故障处理。

4.掌握电能计量装置接线在错误情况下电量退补原则、更正系数与更正率、退补电量计算。

5.掌握实际负荷下电能表误差测试方法。

6.掌握电能表的现场检验方法。

【教学环境】

计量装置接线检查实训室（或一体化教室）、多媒体课件、电能计量教学视频、操作记录单。

任务 3.1　低压三相四线电能计量装置的接线检查与处理

【教学目标】

- 知识目标

1. 掌握工器具的使用方法。
2. 掌握低压三相四线电能计量装置的接线检查及计量差错处理方法。
3. 掌握用相量图法检查判断低压三相四线电能表接线方式的原理。
4. 掌握用瓦秒法判断计量装置的误差。

- 能力目标

1. 能使用相序表和相位伏安表。
2. 能用相量图法分析、判断计量装置错误接线情况。
3. 能用瓦秒法判断计量装置的误差。

- 态度目标

1. 能主动学习，在完成任务的过程中发现问题、分析问题和解决问题。
2. 能与小组成员协商、交流配合完成本次学习任务，养成分工合作的团队意识。
3. 严格遵守安全规范，爱岗敬业、勤奋工作。

【任务描述】

通过相量图分析、案例分析，对低压三相四线电能表断相、电流正反相序与电压正反相序组合的简单错误接线进行检查判断及故障处理。

【任务准备】

1. 课前预习仪器仪表的使用方法、相量图法。
2. 填写任务指导书中的现场检查测试记录表。

【任务实施】

按照任务指导书实施任务。

任务指导书 1

工作任务	用瓦秒法测电能表的误差		学 时	2
姓 名		学 号	班 级	日 期

任务描述:某智能电能表,电能表常数 $C=1\ 200\ imp/(kW \cdot h)$,准确度等级为2.0级,试用瓦秒法求该电能表的误差。

一、工作前准备

1.现场了解客户实际负荷情况,以核对电能表运行状况。

2.防止碰触电表箱及其他带电设备,或以合格试电笔检查无漏电,才能碰触。

3.检查电能计量装置箱(柜)外观及铅封是否完好。

4.检查电能表有无异常报警信息,失压、失流记录、电能表当前运行时段、日历时钟、电量示数等信息。

二、现场作业步骤及标准

1.给被测电能表带一个已知功率且功率稳定的负载,比如电热水壶、电饭煲、电热水器等电阻性的负载。

2.根据电能表的快慢设定好脉冲数 N。

3.用秒表测量 N 个脉冲的实际时间 t。

三、作业后检查

1.计算 T 和误差 γ。

2.用瓦秒法测出该电能表的实际误差。

3.判断电能表误差是否超差:若误差绝对值比被测电能表铭牌上标示的准确度值大,则说明被测电能表误差超差,反之则正常。

四、清理施工现场

清理施工现场,撤离现场。

任务指导书 2

工作任务	低压三相四线电能计量装置的接线检查		学 时	4
姓 名		学 号	班 级	日 期

任务描述:按照《国家电网公司电力安全工作规程》的要求在实训室完成低压三相四线表的接线检查及计量差错处理。

一、工作前准备

1.办理工作许可手续。根据"安全管理"有关规定办理工作许可手续,做好现场安全措施。按要求规范着装,戴安全帽,着棉质工作服,穿绝缘鞋,戴棉质线手套。

2.现场直观检查。观察客户进户接线是否正常,排除私拉乱接等不规范用电,了解客户实际负荷情况,以核对电能表运行状况。

3.电能计量装置箱(柜)外观及铅封检查。检查电能表外观是否完好,铅封数量印迹等是否完好,核对铅封标记与原始记录是否一致,做好现场记录,排除人为破坏和窃电。

4.电能计量装置箱(柜)内铅封及接线检查。电能表进出线排列是否正确、接线有无松动、发热、锈蚀、炭化等现象,检查电能表接线盒封印,电能表封印(有其他功能的电能表还要检查功能设置,编程部分封印)是否完好,并详细记录异常现象及封印数量、印痕质量等。

5.电能表接线盒内检查。检查电能表电压连片(挂钩)及接线端子螺丝有无松动等现象,进出线有无短路过桥等异常现象。

6.电能表运行状态及功能记录检查。对电子式电能表,观察电能表脉冲闪烁频率,还应检查有无异常报警信息,失压、失流记录、电能表当前运行时段、日历时钟、电量示数等信息。

二、现场作业步骤及标准

1.用相位伏安表在电能表接线端子测量电能表电压、电流、相位角(将测量数据填入现场检查测试记录表)。

2.用相序表测量出端电压的相序。

3.画向量图,判断各元件的接线情况。

4.算出更正系数,得出结论。

5.进行电量追补。

现场检查测试记录表

一、电能表基本信息					
型号		准确度等级	有功	出厂编号	
			无功		
规格	V；　　　A		制造厂家		

二、实测数据			
电压(A 为参考相点)	$U_{25}=$　　V	$U_{58}=$　　V	$U_{82}=$　　V
	$U_{210}=$　　V	$U_{510}=$　　V	$U_{810}=$　　V
	$U_{2A}=$　　V	$U_{5A}=$　　V	$U_{8A}=$　　V
电流	$I_1=$　　A	$I_4=$　　A	$I_7=$　　A
相位	$\widehat{\dot{U}_{210}\dot{I}_1}=$	$\widehat{\dot{U}_{210}\dot{I}_4}=$	$\widehat{\dot{U}_{210}\dot{I}_7}=$
2、5、8 端电压相序：			

续表

三、错误接线相量图	四、错误接线形式
	第一元件： 第二元件： 第三元件：

五、写出错误接线时功率表达式（假定三相对称）

$P_1 =$

$P_2 =$

$P_3 =$

$P = P_1 + P_2 + P_3 =$

六、写出更正系数 K 的表达式，并化为最简式（最少写出两步化简步骤）

$K =$

三、作业后检查

1. 现场作业结束，如封印已经打开，重新加封并做好记录。

2. 按规定办理工作终结手续。

3. 对电能表接线盒、试验接线盒、计量柜前后门、互感器箱前后门、电压互感器隔离开关把手、二次连线回路端子盒等应加装部位加装封印。

四、清理施工现场

检查、清点、整理、收集测量工具；做好应通知客户或需客户签字确认的其他事项，清理施工现场，撤离现场。

【相关知识】

3.1.1　测量仪表的使用

(1)相位伏安表

相位伏安表主要是用来测量同频率两个量(如工频电压和电流)之间的相位差,既可以测量交流电压、电流之间的相位,也可以测量两个电压或两个电流之间的相位,同时还可以测量交流电流。使用该仪表可以确定电能表接线正确与否(相量图法)、辅助判断电能表运行情况、测量三相电压相序等。

1)基本原理和结构

由于相位测量必须基于相对独立的两个测量回路,相位伏安表一般制成双测量回路形式,有两把电流钳和两对电压测试线。相位伏安表内部由比较器、光电耦合器、双稳电路和直流电压表组成,当两路信号输入(一路作为基准波,一路作为被测信号)时,通过内部比较器变换状态,使正弦波转换成方波信号,通过光电耦合器隔离,分别触发双稳电路的复位端和置位端。基准信号的每个正半周前沿使双稳电路置位,输出高电平;被测信号每到正半周前沿则使双稳电路复位,输出低电平。在 $0\sim360''$ 相位角范围内,被测信号与基准信号之间的相位差越大,双稳电路输出高电平的时间就越长,其输出电压也就越高。经过校准,用数字式电压表测量此电压就可以测出两信号之间的相位角。数字相位伏安表的外观如图 3.1 所示。

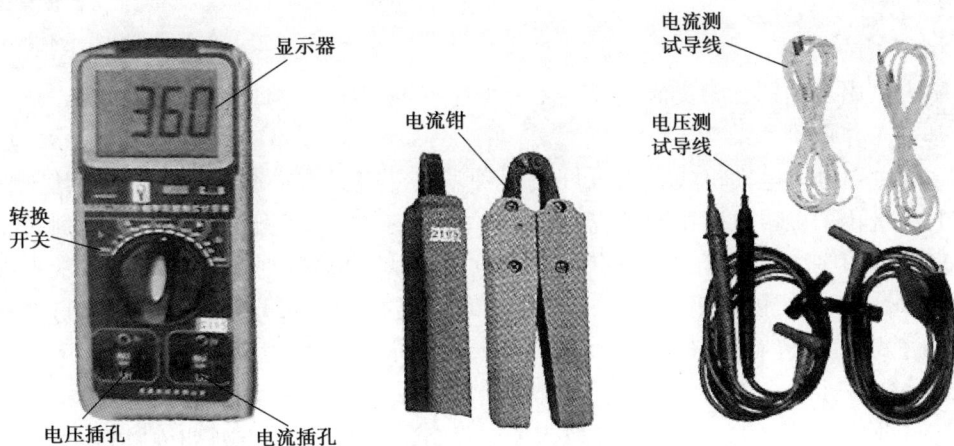

图 3.1　数字相位伏安表

2)具体操作步骤

相位伏安表主要用来测量相位差,也可测量电压、电流。测量电压时,挡位应与电压测量回路保持一致,使用方法与万用表相同。测量电流时,电流钳的使用方法与钳形电流表基本相同,因此这里仅介绍相位差的测量步骤。

①测试前检查。使用前仔细阅读使用说明书,仪表应在使用有效期内,检查配件齐全完好,测试导线导电性能良好,测试导线之间绝缘良好,电流钳口清洁无污物。

②预热。打开电源,将仪表预热 3~5 min 以保证测量精度。

③校准。有校准档位的相位伏安表,在使用之前要先进行校准。

④相位差测量。将旋转开关旋至 U_1U_2 两路电压信号,从两路电压输入插孔输入时,显示器显示值即为两路电压之间的相位。将旋转开关旋至 I_1I_2,两路电流信号从两路电流输入插孔输入时,显示器显示值即为两路电流之间的相位。将旋转开关旋至 U_1U_2,电压信号从 U_1 插孔输入,电流信号从 I_2 插孔输入时,显示器显示值即为电压和电流之间的相位。将旋转开关旋至 I_1U_2,电流信号从 I_1 插孔输入,电压信号从 U_2 插孔输入时,显示器显示值即为电流和电压之间的相位。

⑤数据读取。待显示器上数据稳定后读取测量结果。

⑥关闭电源。拆除测试导线,并放入专用箱包中。

3)注意事项

①相位伏安表仅用于二次回路和低压回路检测,不能用于高压线路,以预防通过电流钳触电。

②测量电压和电流之间的相位差时,注意电流钳的极性。

③所测相位差均为 1 路信号超前 2 路信号的相位,所以与被测相位相关的两个量必须接入不同的测量回路,否则无法得到测量结果。

④保证两把电流钳分别对号入座,不可任意调换,否则难以保证精度。

⑤显示器上出现欠电符号提示时,应更换相应电池。

(2)相序表

1)相序表的用途

相序表是用来判别三相交流电源电压顺相序或逆相序的一种电工工具仪表。

2)基本工作原理和结构

相序表主要分为电动机式和指示灯式两种。电动机式有一个可旋转铝盘,其工作原理与异步电动机转子旋转原理相同,铝盘旋转方向取决于三相电源的相序,因此可通过铝盘转动方向来指示相序。指示灯式一般有指示来电接入状况的接电指示灯,以及显示来电相序的相序指示灯,通过表内专用电路对三相电源间相位进行判断,并通过相序指示灯来指示相序。指示灯式相序表的外观如图 3.2 所示。

3)具体操作步骤

①测试前检查。使用前仔细阅读使用说明书,仪表应在使用有效期内,检查配件齐全完好,测试导线导电性能良好,测试导线之间绝缘良好,对不接电的裸露金属部件用绝缘胶带裹缠。

②将三色测试线夹按顺序夹在三相电源的 3 个线头上。

③用电动机式相序表时,"点"按接电按钮,当相序表铝盘顺时针转动时,为顺相序,反之

为逆相序。

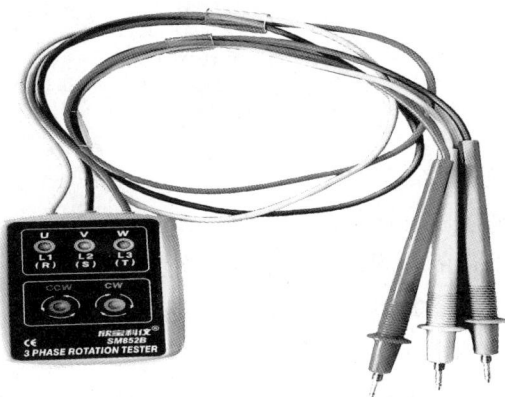

图 3.2　指标灯式相序表

用指示灯式相序表时,当接电指示灯全亮时,此时点亮的相序指示灯即为测试结果。

④拆除测试线路。

4)注意事项

①当任一测试线已经与三相电路接通时,应避免用手触及其他测试线的金属端防止发生触电。

②对不接电的裸露金属部件进行绝缘处理时,应尽可能地减少裸露面积。

③应在允许电压范围内进行测量,否则相序表测试结果有可能失准。

④对于有接电按钮的相序表,不宜长时间按住按钮不放,以防烧坏触点。

⑤如果接线良好,相序表铝盘不转动或接电指示灯未全亮,表示其中一相断相。

3.1.2　低压电能计量装置检查、分析和故障处理

电能计量装置接线检查一般分为停电检查和带电检查。

停电检查是对新装或更换互感器以及二次回路后的计量装置,投入运行前在停电的情况下进行接线检查,主要内容包括电流互感器变比和极性检查、二次回路接线通断检查、接线端子标识核对电能表接线检查等。

带电检查是电能计量装置投入使用后的整组检查,运行中的低压电能计量装置根据需要也可进行带电检查,以保证接线的正确性。带电检查的方法有瓦秒法(实负荷比较法)、逐相检查法、电压电流法、相量图法(六角图法)及综合分析法等。

1)瓦秒法(实负荷比较法)

用计时器测量电能表在所带的实际负荷功率或二次侧功率下发若干个脉冲所需的时间,并与该负荷功率下的理论时间进行比较,即能确定电能表的相对误差,这种方法称为瓦秒法。其计算公式为:

微课　瓦秒法

$$T = \frac{3\ 600 \times 1\ 000 \times N}{CP} \qquad (3.1)$$

则电能表的相对误差为：

$$\gamma = \frac{T - t}{t} \times 100\% \qquad (3.2)$$

式中　N——选定的被测电能表的脉冲数,g;

　　　　C——被测电能表铭牌上标注的电能表常数,imp/(kW·h);

　　　　P——被测电能表所带的实际负荷功率或二次侧功率,W;

　　　　T——电能表对应于功率 P 发若干个脉冲需要的理论时间,s;

　　　　t——电能表对应于功率 P 发若干个脉冲需要的实际时间,s。

　　实负荷比较法是将电能表反映的功率与电能计量装置实际所承载的功率比较,确定百分误差 γ 的方法,一般也称为瓦秒法。

　　具体检查方法:用一只秒表记录电子式电能表发 N 个脉冲所用的时间 t,然后根据电能表常数求出电能表计量功率,将计算的功率值与线路中负荷实际功率值相比较,若二者近似相等,则说明电能表接线正确;若二者相差甚远,超出电能表的准确度等级允许范围,则说明电能计量装置接线有误。运用实负荷比较法时,所求负荷功率在测试期间相对稳定,波动过大会降低判断的准确性。负荷功率的计算公式为:

$$P = \frac{3\ 600 \times 1\ 000 \times N}{Ct} \qquad (3.3)$$

$$\gamma = \frac{P - P'}{P'} \times 100\% \qquad (3.4)$$

式中　N——选定的被测电能表的脉冲数,g;

　　　　P——被测电能表的理论负荷功率,W;

　　　　P'——被测电能表所带的实际负荷功率,W;

　　　　t——电能表对应于功率 P 发若干个脉冲需要的实际时间,s;

　　　　C——被测电能表铭牌上标注的电能表常数,imp/(kW·h)。

　　【例3.1】　有一只 2.0 级智能电能表,电表常数为 2 500 imp/(kW·h),额定电压为3×380/220 V,电流为 3×3(6)A,接入负荷 1 000 W,当电能表脉冲发 10 个脉冲时,记录时间为 6 s,试问该电能表计量是否准确?

　　解:根据实测时间计算电能表计量功率为:

$$P = \frac{3\ 600 \times 1\ 000 \times N}{C \times t} = \frac{3\ 600 \times 1\ 000 \times 10}{2\ 500 \times 6}\ \text{W} = 2\ 400\ \text{W}$$

电能表的误差为:

$$\gamma = \frac{2\ 400 - 1\ 000}{1\ 000} \times 100\% = 140\%$$

　　答:该计量装置不准确。

　　【例3.2】　居民用户,电能表常数为 5 000 imp/(kW·h),测试负荷为 2 kW,请问电能表发 10 个脉冲时需要多少秒? 发 10 个脉冲的实测时间为 4 s 时,电能表的误差为多少?

解:根据瓦秒法,测试时间为:

$$T = \frac{3\ 600 \times 1\ 000 \times N}{CP} = \frac{3\ 600 \times 1\ 000 \times 10}{5\ 000 \times 2\ 000}\ \text{s} = 3.6\ \text{s}$$

$$\gamma = \frac{3.6 - 4}{4} \times 100\% = -10\%$$

答:电能表发 10 个脉冲需要 3.6 s,发 10 个脉冲的实测时间为 4 s 时,电能表的误差为 -10%。

2)逐相检查法

在电能表三相接入有效负荷的条件下,断开另外两个元件的电压连接片,让某一元件单独工作,观察电能表转动或脉冲闪烁频率,若正常,则说明该相接线正确,这种现场检查方法就是逐相检查法。其具体步骤介绍如下:

首先检查 U 相(第一组件),接线如图 3.3 所示。断开电能表的 V、W 相电压连接片,使第二、三元件失压,此时电能表转动趋势明显减慢且正转,则说明 U 组元件接线正确。若电能表反转,则该组件接线错误。若电能表不转,又排除了 U 相负荷为零或非常小的情况,说明第一组件存在问题。

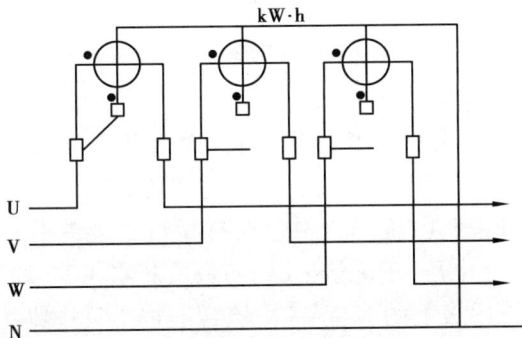

图 3.3   低压三相四线电能表错误接线图

以此类推,检查 V 相时,应断开电能表的 U、W 电压连接片;检查 W 相时,应断开电能表的 U、V 电压连接片。其判断方法与 U 相相同。

3)相量图法(六角图法)

相量图法是指根据现场采集的电能计量装置有关参数绘制相量图,即通过测量电能表的各电压、电流及各电压、电流之间的相位差角,作出相量图来分析判断电能计量装置错误接线的一种方法。分析判断电能计量装置错误接线及故障应遵守的"三符合原则"和电压电流间的"随相关系",据此能快速准确地得出结论,极大地简化了烦琐的分析过程。

三符合原则:各电压相量间和各电流相量间的相位关系分别"符合正相序 UVW";同相电压与电流相量间的相位差分别"符合随相关系";各相量之间的角度关系"符合正常情况"。

随相关系:若某一电压与电流之间的相位差等于功率因数角 φ_1,则称该对电压电流为正随相关系;若某一电压与电流之间的反相量之间的相位差等于功率因数角 φ_1,则称该对电压电流为反随相关系。

经互感器接线的三相四线有功电能表有 10 个接线端。正确接线时,2、5、8 和 10 端(或 11 端)分别接电压线 U、V、W 及 N;1、3 端分别接 U 相电流进出线,4、6 端分别接 V 相电流进出线,7、9 端分别接 W 相电流进出线,如图 3.4 所示。

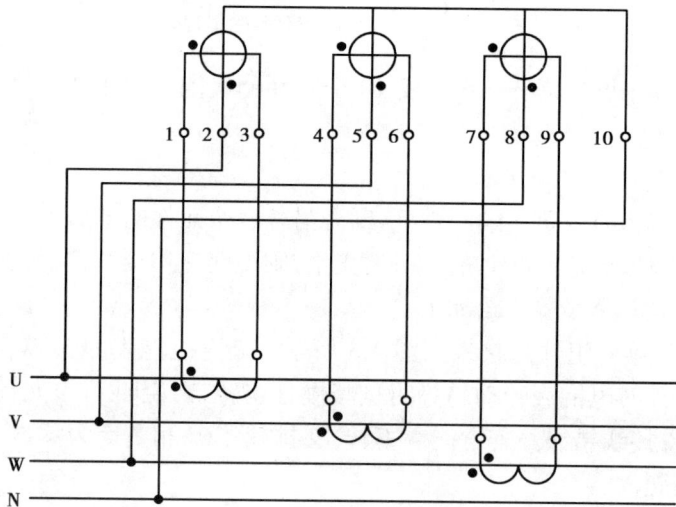

图 3.4　低压三相四线有功电能表经电流互感器正确接线

判断方法和步骤如下:

①测量各线电压、相电压:用钳形相位伏安表(交流电压档)测量电能表电压接线端(2、5、8 端)各两端之间的线电压为 U_{25}、U_{58}、U_{28},各数值若基本相等(约 380 V)则说明 TV 接线正确,若为零或相差较大则说明电压回路中存在有断路或接错相故障。再分别测 2、5、8 端与 10 端(或 11 端)之间的相电压,正确接线时,各数值基本相等,约为 220 V。

②测定电压相序:将相序表上的 U、V、W(黄、绿、红)3 只接线夹分别夹住电能表 2、5、8 3 个电压接线端,测量 2、5、8 端相序。若相序表正转,表示为正相序 uvw 或 vwu、wuv;若相序表反转,表示为负相序 uwv 或 wvu、vuw。正确接线时应为正相序。

定相:通过参考相点,确定具体相序。

③测量各二次电流:用钳形相位伏安表(交流电流档)分别测量流入电能表元件 1、元件 2、元件 3 的电流 I_1、I_4、I_7,正常接线时,三者数值基本相等。三者中若有为零的,说明该相 TA 二次断线或短路。

④测相位角:用钳形相位数字伏安表(测相位档)分别测出 $\dot{U}_{2·10}$ 与 $\dot{I}_1$,$\dot{U}_{5·10}$ 与 $\dot{I}_4$,$\dot{U}_{8·10}$ 与 $\dot{I}_7$ 之间的相位差角。

⑤画相量图,判断错误接线方式:根据上述测量结果,画出相量图分析判断计量装置的错误接线方式。

【例 3.3】　对某现场的三相四线电能计量装置中的有功电能表测试结果,见表 3.1,试判断该计量装置的接线方式是否正确。

表 3.1　某现场的三相四线电能计量装置中的有功电能表测试结果

$U_{25}=380$ V、$U_{58}=379$ V、$U_{28}=381$ V					
$U_{2\cdot10}=219$ V、$U_{5\cdot10}=220$ V、$U_{8\cdot10}=218$ V					
2、5、8 端相序为正序					
$U_{2-U}=0$ V		$U_{2-V}=380$ V		$U_{2-W}=380$ V	
I_1	I_4	I_7	φ_1	φ_2	φ_3
4.98 A	5.03 A	5 A	26°	145°	266°
φ_1 为 $\dot{U}_{2\cdot10}$ 超前 $\dot{I}_1$ 的相位差角,φ_2 为 $\dot{U}_{5\cdot10}$ 超前 $\dot{I}_4$ 的相位差角,φ_3 为 $\dot{U}_{8\cdot10}$ 超前 $\dot{I}_7$ 的相位差角。					

解:①所测各线电压均为 380 V 左右,各相电压均为 220 V 左右,说明电压回路中不存在断路或接错相的故障。

②所测电能表电流均不为零,说明不存在电流回路(或 TA 二次)断线或短路的故障。

③2、5、8 端相序为正序,$U_{2-A}=0$ V,$U_{5-A}=380$ V,$U_{8-A}=380$ V 则为正序 UVW,则 $\dot{U}_{2\cdot10}=\dot{U}_U$、$\dot{U}_{5\cdot10}=\dot{U}_V$、$\dot{U}_{8\cdot10}=\dot{U}_W$,即电能表 3 个元件的电压接线正确。

④画出 $\dot{U}_U$、$\dot{U}_V$、$\dot{U}_W$ 3 个电压向量后,根据测得的 φ_1、φ_2 和 φ_3 分别画出 $\dot{I}_1$、$\dot{I}_4$ 和 $\dot{I}_7$,可以看出 $\dot{I}_1$ 就是 $\dot{I}_U$,$\dot{I}_4$ 就是 $\dot{I}_W$,$\dot{I}_7$ 就是 $\dot{I}_V$,因此元件 2 和元件 3 的电流接错了,如图 3.5 所示。

所以该三相四线有功电能表的错误接线方式为:

元件1 $\langle$ $\dot{U}_U$ i_U　　元件2 $\langle$ $\dot{U}_V$ i_W　　元件3 $\langle$ $\dot{U}_W$ i_V

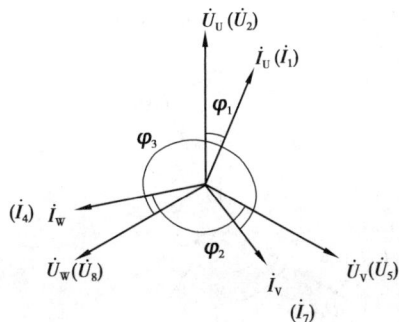

图 3.5　向量图

根据 3 个元件所接电压、电流向量图得负载对称时 3 个元件的功率,分别为:

$$P_1=UI\cos\varphi \qquad P_2=UI\cos(120°+\varphi) \qquad P_3=-UI\cos(60°+\varphi)$$

$$总功率\ P'=P_1+P_2+P_3=0$$

$$K=\frac{P}{P'}=\frac{3\cos\varphi}{0}=\infty$$

故该电能表电量异常。

【例 3.4】　对某现场的三相四线电能计量装置中的有功电能表测试结果,见表 3.2,试判断该计量装置的接线方式是否正确。

表 3.2　某现场的三相四线电能计量装置中的有功电能表测试结果

$U_{25} = 380$ V、$U_{58} = 379$ V、$U_{28} = 381$ V					
$U_{2\cdot10} = 219$ V、$U_{5\cdot10} = 220$ V、$U_{8\cdot10} = 218$ V					
2、5、8 端相序为负序					
$U_{2U} = 0$ V		$U_{5U} = 380$ V		$U_{8U} = 380$ V	
I_1	I_4	I_7	φ_1	φ_2	φ_3
4.98 A	5.03 A	5 A	256°	255°	256°
φ_1 为 $\dot{U}_{2\cdot10}$ 超前 $\dot{I}_1$ 的相位差角，φ_2 为 $\dot{U}_{5\cdot10}$ 超前 $\dot{I}_4$ 的相位差角，φ_3 为 $\dot{U}_{8\cdot10}$ 超前 $\dot{I}_7$ 的相位差角。					

分析：

①所测各线电压均为 380 V 左右，各相电压均为 220 V 左右，说明电压回路中不存在断路或接错相的故障。

②所测电能表电流均不为零，说明不存在电流回路（或 TA 二次）断线或短路的故障。

③2、5、8 端相序为负序，设为负序 uwv 则 $\dot{U}_{2\cdot10} = \dot{U}_U$、$\dot{U}_{5\cdot10} = \dot{U}_W$、$\dot{U}_{8\cdot10} = \dot{U}_V$，即电能表元件 2 和元件 3 的电压接线错误。

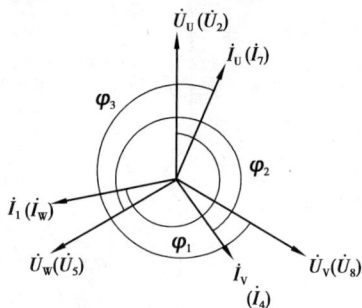

图 3.6　例 3.2 相量图

④画出 $\dot{U}_U$、$\dot{U}_V$、$\dot{U}_W$ 3 个电压相量后，根据测得的 φ_1、φ_2 和 φ_3 分别画出 $\dot{I}_1$、$\dot{I}_4$ 和 $\dot{I}_7$，可以看出 $\dot{I}_1$ 就是 $\dot{I}_W$，$\dot{I}_4$ 就是 $\dot{I}_V$，$\dot{I}_7$ 就是 $\dot{I}_U$，可看出元件 1、元件 2 和元件 3 的电流均接错了，如图 3.6 所示。

所以该三相四线有功电能表错误接线方式为：

元件1 $\langle \begin{matrix} \dot{U}_U \\ \dot{I}_W \end{matrix}$　　　元件2 $\langle \begin{matrix} \dot{U}_W \\ \dot{I}_V \end{matrix}$　　　元件3 $\langle \begin{matrix} \dot{U}_V \\ \dot{I}_U \end{matrix}$

当然，实际在三相电能计量装置的错误接线中，也有误将电压线接入电能表的电流接线端，或将电流线接入电能表的电压接线端。如果将电压线接入电能表的电流接线端，再将电流互感器接线端 K_2 并联并接地，通电时就烧坏了。将电流线接入电能表的电压接线端则表不走。这些在装表后送电时就会发生。

【思考与练习】

1.简述用相量图法分析电能计量装置错误接线的基本步骤。

2.一居民用户电能表常数为 1 600 imp/(kW·h)，测试负荷为 100 W，电能表 1 imp 时应该是多少时间？如果测得电能表发 5 个脉冲的时间为 11 s，误差应是多少？

3.某用户 TV 变比为 10/0.1，TA 变比为 200/5，电能表常数为 2 500 imp/（kW·h），现场实测电压为 10 kV、电流为 170 A、cos φ 为 0.9。有功电能表在以上负荷时 5 imp 用 20 s，请计算该表计量是否准确？

4.对某现场的三相四线电能计量装置中的有功电能表测试结果，见表 3.3，试判断该计量装置的接线方式是否正确。

表 3.3　某现场的三相四线电能计量装置中的有功电能表测试结果

$U_{25}=380$ V、$U_{58}=379$ V、$U_{28}=381$ V					
$U_{2\cdot10}=219$ V、$U_{5\cdot10}=220$ V、$U_{8\cdot10}=218$ V					
2、5、8 端相序为正序					
$U_{2U}=380$ V		$U_{5U}=0$ V		$U_{8U}=380$ V	
I_1	I_4	I_7	φ_1	φ_2	φ_3
4.98 A	5.03 A	5 A	30°	150°	270°
φ_1 为 $\dot{U}_{2\cdot10}$ 超前 $\dot{I}_1$ 的相位差角，φ_2 为 $\dot{U}_{5\cdot10}$ 超前 $\dot{I}_4$ 的相位差角，φ_3 为 $\dot{U}_{8\cdot10}$ 超前 $\dot{I}_7$ 的相位差角。					

任务 3.2　高压三相三线电能计量装置的检查与处理

【教学目标】

- 知识目标

1.掌握高压三相三线电能计量装置的接线检查步骤。

2.熟悉用相量图法判断高压三相三线电能计量装置接线方式。

3.掌握电压相序的判断方法。

- 能力目标

1.能正确测量高压三相三线电能表尾端电压、电流、相位角等数据。

2.能正确测量高压三相三线电能表电压端口相序。

3.能利用测量的数据进行相量图的绘制。

4.能进行高压三相三线电能计量装置接线方式判断。

5.能更正高压三相三线电能计量装置现场错误接线。

- 态度目标

1.能主动学习，在完成任务的过程中发现问题、分析问题和解决问题。

2.能与小组成员协商、交流配合完成本次学习任务,养成分工合作的团队意识。

3.严格遵守安全规范,爱岗敬业、勤奋工作。

【任务描述】

通过相量图分析、案例分析,对高压三相三线电能表断相、电流正反相序与电压正反相序组合的简单错误接线进行检查判断及故障处理。

【任务准备】

1.课前预习仪器仪表的使用方法、相量图法。

2.填写任务指导书中的现场检查测试记录表。

【任务实施】

按照任务指导书实施任务。

任务指导书

工作任务	高压三相三线电能计量装置的检查与处理		学 时	8
姓 名	学 号	班 级	日 期	

任务描述:按照《国家电网公司电力安全工作规程》的要求在实训室完成高压三相三线表的接线检查及计量差错处理。

一、工作前准备

1.办理工作许可手续。根据"安全管理"有关规定办理工作许可手续,做好现场安全措施。按要求规范着装,戴安全帽,着棉质工作服,穿绝缘鞋,戴棉质线手套。

2.现场直观检查。观察客户进户接线是否正常,排除私拉乱接等不规范用电,了解客户实际负荷情况,以核对电能表运行状况。

3.电能计量装置箱(柜)外观及铅封检查。检查电能表外观是否完好,铅封数量印迹等是否完好,核对铅封标记与原始记录是否一致,做好现场记录,排除人为破坏和窃电。

4.电能计量装置箱(柜)内铅封及接线检查。电能表进出线排列是否正确、接线有无松动、发热、锈蚀、炭化等现象,检查电能表接线盒封印,电能表封印(有其他功能的电能表还要检查功能设置,编程部分封印)是否完好,并详细记录异常现象及封印数量、印痕质量等。

5.电能表接线盒内检查。检查电能表电压连片(挂钩)及接线端子螺丝有无松动等现象,进出线有无短路过桥等异常现象。

6.电能表运行状态及功能记录检查。对电子式电能表,观察电能表脉冲闪烁频率,还应检查有无异常报警信息,失压、失流记录、电能表当前运行时段、日历时钟、电量示数等信息。

二、现场作业步骤及标准

1.用相位伏安表在电能表接线端子测量电能表电压、电流、相位角（将测量数据填入现场检查测试记录表）。

2.用相序表测量出端电压的相序。

3.画向量图,判断各元件的接线情况。

4.算出更正系数,得出结论。

5.进行电量追补。

现场检查测试记录表

姓名		学号		模拟装置号	

一、电能表基本信息

型号		准确度等级		有功		出厂编号		
				无功				
规格	V;	A		制造厂家				
电能表转动方向								

二、实测数据

电压	$U_{24} =$ V	$U_{46} =$ V	$U_{62} =$ V
	$U_{2d} =$ V	$U_{4d} =$ V	$U_{6d} =$ V
电流	$I_1 =$ A	$I_5 =$ A	
相位	$\widehat{\dot{U}_{24}\dot{I}_1} =$	$\widehat{\dot{U}_{64}\dot{I}_5} =$	

2、4、6 端电压相序：

三、错误接线相量图

四、错误接线形式

第一元件：

第二元件：

续表

五、写出错误接线时功率表达式（假定三相对称） $P_1 =$ $P_2 =$ $P = P_1 + P_2 =$
六、写出更正系数 K 的表达式，并化为最简式（最少写出两步化简步骤） $K =$

三、作业后检查

1. 现场作业结束，如封印已经打开，重新加封并做好记录。

2. 按规定办理工作终结手续。

3. 对电能表接线盒、试验接线盒、计量柜前后门、互感器箱前后门、电压互感器隔离开关把手、二次连线回路端子盒等应加装部位加装封印。

四、清理施工现场

检查、清点、整理、收集测量工具；做好后应通知客户或需客户签字确认的其他事项，清理施工现场，撤离现场。

【相关知识】

3.2.1 高压三相三线电能计量装置的接线检查方法

经互感器接线的三相三线有功电能表有 7 个接线端。正确接线时，2、4、6 端分别接电压线 A、B、C；1、3 端分别接 A 相电流进出线，5、7 端分别接 C 相电流进出线，如图 3.7 所示。

在低压电能计量装置接线检查方法中介绍了实负荷比较法、逐相检查法，下面主要介绍力矩法，并结合高压计量装置接线特点在低压电能计量装置接线检查模块基础上进一步解析相量法的应用。

（1）电压回路检查

1）测量各二次回路的线电压

各线电压的正常值应接近相等，且为 100 V。如果 3 个线电压不相等且数值相差较大时，说明 TV 有 、二次侧断线，熔丝烧断，绕组极性接反或接触不良等情况。

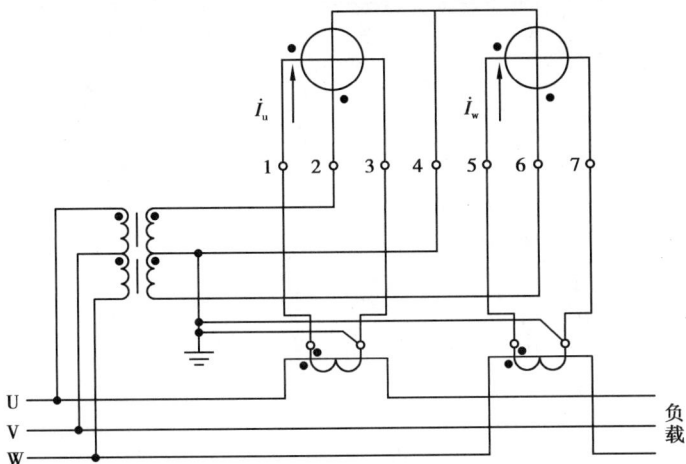

图 3.7　高压三相三线电能计量装置的接线图

对于采用 V-V 形接线的 TV,如果线电压中有 0 V、50 V 等情况时,可能是一次断线或二次断线;有一个电压为 173 V 时,说明有一台 TV 绕组极性接反。

2)检查接地点确定相别

用 1 只电压表一端接地,另一端依次接电能表 3 个电压端子,可以判断 TV 的接地情况(用试电笔也可以进行测试)。两次为 100 V,一次为 0 V,说明是 2 台单相互感器 V 形连接,为 0 V 的一相即为 V 相,根据相序可以定出 U 相和 W 相。

3)测量三相电压的相序

如果测出的是负相序,有功表虽然正转,但有相序误差:除正弦无功表外,其他无功表都表现为反转,接线时要把它改为正相序(感性负荷时)(三相三线无功电能表在运行中产生反转带经常是三相电压进线的相序接反或容性负荷所致)。

如果通过以上方法不能确定的,可通过相量图法来判断电能表接线的正确性。

(2)电流回路检查

1)极性反接情况

在三相对称电路中:在两个 TA 不完全星形(即 V 形)接线时,若某一线电流为其他任一线电流的 $\sqrt{3}$ 倍(如 $2 \times \sqrt{3} = 3.5$ A),则有一只 TA 极性接反;若线电流的大小相等但电能表反转,则可能两只 TA 均接反。值得注意的是,电流互感器的分相接线时,是无公共线的,此时可将其进电表的 a、c 两根合并测量作为公共线,测量和判断方法与以上混相接法相同。

因为 $i_U + i_V + i_W = 0$,而 $i_{n1} = i_U + i_W = -i_V$,若 i_U 接成 $-i_U$,则 $i_{n2} = -i_U + i_V$,如图 3.8 所示,在三相电路对称时线电流为 I_L,$I_{n2} = \sqrt{3} I_L$。

2)开路、短路情况检查

第一种情况:高压电流互感器二次回路出口端开路时,要进行停电后才能处理。

第二种情况:二次接线端子螺钉松动造成二次开路时,在降低负荷电流下采取安全措施进行处理,可不停电将螺钉拧紧,然后恢复正常运行。

第三种情况:电流开路点在接线盒时,则应在采取安全措施后将电流连接片的螺钉拧紧,恢复正常运行。

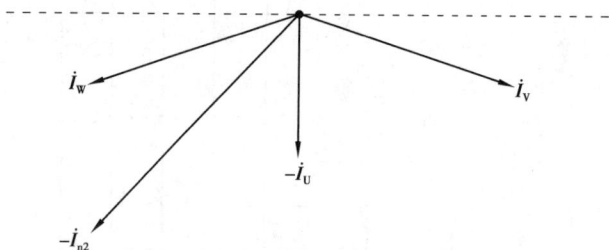

图 3.8　电能表 U 相表接反时的相量图

3.2.2　计量装置错误接线检查的常规方法(操作步骤)

在测量电压、电流、相位时,一般应在表尾接线端子盒上进行。对于有电容器补偿的客户,有负荷时应将电容器退出后再测相位,没有负荷时应将电容器投入后再测相位;掌握功率输送方向和负荷性质。

①观察表盘转向、转速或电子式电能表脉冲指示灯的闪速。初步判断电能表的运行状态是否正常。

②测量各一、二次线的线、相电压。

③确定中相或中性线(零线)。利用中相电压线、中性线(零线)确定法进行确认。

④测量三相电压相序。

a.利用相序表:依次将 3 个电压线接入旋转式相序表,水平放置相序表,若旋转方向与表上箭头方向相同为正相序,反之则为负相序。(适用条件:有相序表时)

b.利用相位表:将电压 U_{12} 从相位表的 U_1 端接入,U_{23} 从相位表的 U_2 端接入,测量它们之间的相位角 φ。如果中 φ 为 120°,则为正相序;如果 φ 为 240°,则为负相序。(适用条件:无相序表时)

但是,在检查相序时,如果有一相电压互感器极性接反,那么相序表所指示的相序与实际相序相反。

⑤确定各元件实际电压的接入方式。可根据"电压分析法"进行错误接线分析,查出原因后先记录。

⑥测量各相电流。判断各元件电流是否正常;对电流回路的情况作出初步判断,如电流极性有无接错、电能表的外部电路有无断线和短路等。

⑦测量各元件电流与各元件电压间的相位差(注意阅读相位伏安表的操作说明书,不同厂家标注的超前、滞后关系有可能不同)。

⑧利用相量图法判定电流的接线。根据实际负荷的潮流和性质(感性或容性),分析各相电流处在相量图上的区间,判断、确定电流接线的错误之处。

⑨错误接线的更正和复查。错误接线在更正以后,还要进行　次全面复查。应分清电

流线与电压线;注意电流回路不能开路,电压回路不能短路。

⑩计算更正系数。根据公式计算更正系数,并初步判断表计运行情况。

⑪退补电量计算。

3.2.3　例题分析

【例 3.5】　现场测量数据,见表 3.4。

表 3.4　现场测量数据

$U_{24} = 100$ V、$U_{46} = 99$ V、$U_{26} = 101$ V			
6 端对地电压为 0 V;2、4、6 端相序为正序			
I_1	I_5	φ_1	φ_2
4.98 A	5.03 A	56°	237°
φ_1 为 $\dot{U}_{24}$ 超前 $\dot{I}_1$ 的相位差角,φ_2 为 $\dot{U}_{64}$ 超前 $\dot{I}_5$ 的相位差角			

分析:

①$U_{24} = 100$ V、$U_{46} = 99$ V、$U_{26} = 101$ V,即 3 个线电压大小基本平衡,说明电压互感器无断线或极性接反。

②因 6 端对地电压为 0 V;2、4、6 端相序为正序,故 2、4、6 端相序为 WUV。故 $\dot{U}_{24} = \dot{U}_{WU}$,$\dot{U}_{64} = \dot{U}_{VU}$。

③所测电表电流均不为零,说明不存在电流回路(或 TA 二次)断线或短路的故障。

④画出 $\dot{U}_{24}$ 和 $\dot{U}_{64}$ 两个线电压相量后,根据测得的 φ_1 和 φ_2 分别画出 $\dot{I}_1$ 和 $\dot{I}_5$,可以看出 $\dot{I}_1$ 就是 $\dot{I}_c$,$\dot{I}_5$ 就是 $\dot{I}_a$。因此元件 1 和元件 2 的电压、电流均接错了,相量图如图 3.9 所示。

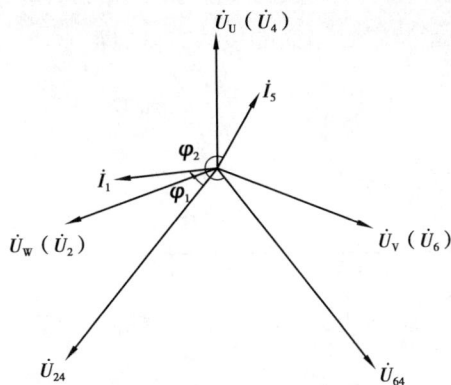

图 3.9　例 3.5 相量图

所以可以判断该电能计量装置是错误的接线方式，即

元件1 $\Big\langle\begin{array}{l}\dot{U}_{WU}\\ \dot{I}_W\end{array}$ 　　　　元件2 $\Big\langle\begin{array}{l}\dot{U}_{VU}\\ \dot{I}_U\end{array}$

【例3.6】　现场测量数据，见表3.5。

表3.5　现场测量数据

$U_{24}=100$ V、$U_{46}=100$ V、$U_{26}=101$ V			
2端对地电压为0 V；2、4、6端相序为负序			
I_1	I_5	φ_1	φ_2
4.99 A	5.03 A	106°	344°
φ_1 为 $\dot{U}_{24}$ 超前 $\dot{I}_1$ 的相位差角，φ_2 为 $\dot{U}_{64}$ 超前 $\dot{I}_5$ 的相位差角			

分析：

①$U_{24}=100$ V、$U_{46}=100$ V、$U_{26}=101$ V，即3个线电压大小基本平衡，说明电压互感器无断线或极性接反。

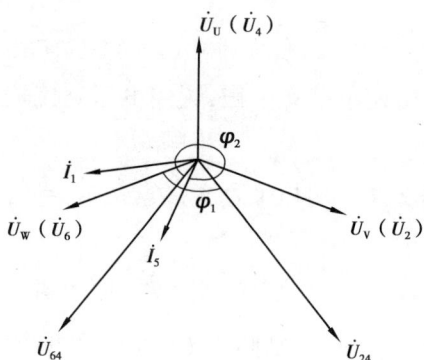

图3.10　例3.6相量图

②因2端对地电压为0 V；2、4、6端相序为负序，故 2、4、6 端相序为 VUW。故 $\dot{U}_{24}=\dot{U}_{VU}$，$\dot{U}_{64}=\dot{U}_{WU}$。

③所测电表电流均不为零，说明不存在电流回路（或 TA 二次）断线或短路的故障。

④画出 $\dot{U}_{24}$ 和 $\dot{U}_{64}$ 两个电压相量后，根据测得的 φ_1 和 φ_2 分别画出 $\dot{I}_1$ 和 $\dot{I}_5$，可以看出 $\dot{I}_1$ 就是 $\dot{I}_W$，$\dot{I}_5$ 就是$-\dot{I}_U$。因此元件1和元件2的电压、电流均接错了，相量图如图3.10所示。

所以可以判断该电能计量装置是错误的接线方式，即

元件1 $\Big\langle\begin{array}{l}\dot{U}_{VU}\\ \dot{I}_W\end{array}$ 　　　　元件2 $\Big\langle\begin{array}{l}\dot{U}_{WU}\\ -\dot{I}_U\end{array}$

【例3.7】　现场测量数据，见表3.6。

表3.6　现场测量数据

$U_{24}=50$ V、$U_{46}=51$ V、$U_{26}=101$ V			
4端对地电压为0 V；2、4、6端相序为正序			
I_1	I_5	φ_1	φ_2
4.98 A	5.03 A	15°	46°
φ_1 为 $\dot{U}_{24}$ 超前 $\dot{I}_1$ 的相位差角，φ_2 为 $\dot{U}_{64}$ 超前 $\dot{I}_5$ 的相位差角			

分析：

①$U_{24}=50$ V、$U_{46}=51$ V、$U_{26}=101$ V，即 $U_{24}=U_{64}=\dfrac{1}{2}U_{26}$，说明电压互感器接线正确，电能表内部 4 端子断开。

②因 4 端对地电压为 0 V；2、4、6 端相序为正序，故 2、4、6 端相序为 UVW。故 $\dot{U}_{24}=\dfrac{1}{2}\dot{U}_{UW}$，$\dot{U}_{64}=-\dfrac{1}{2}\dot{U}_{UW}$。

③所测电表电流均不为零，说明不存在电流回路（或 TA 二次）断线或短路的故障。

④画出 $\dot{U}_{24}$ 和 $\dot{U}_{64}$ 两个线电压相量后，根据测得的 φ_1 和 φ_2 分别画出 $\dot{I}_1$ 和 $\dot{I}_5$，可以看出 $\dot{I}_1$ 就是 $\dot{I}_U$，$\dot{I}_5$ 就是 $\dot{I}_W$。具体相量图如图 3.11 所示。

图 3.11　例 3.7 相量图

从以上分析可以看出元件 1 和元件 2 的电流正确，电压出现了电能表 b 相电压端子断线，即

$$\text{元件1}\!<\!\begin{array}{l}\dfrac{1}{2}\dot{U}_{UW}\\ \dot{I}_U\end{array}\qquad\qquad \text{元件2}\!<\!\begin{array}{l}-\dfrac{1}{2}\dot{U}_{UW}\\ \dot{I}_W\end{array}$$

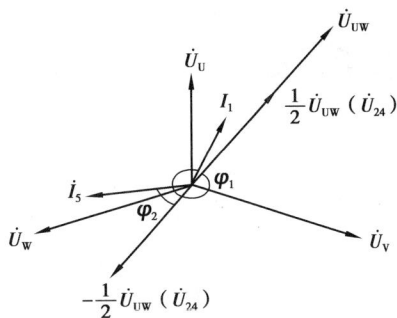

【思考与练习】

1.某现场的三相三线电能计量装置中的有功电能表测试结果，见表 3.7，试判断该计量装置的接线方式是否正确。

表 3.7　某现场的三相三线电能计量装置中的有功电能表测试结果

$U_{24}=100$ V、$U_{46}=100$ V、$U_{26}=101$ V			
2 端对地电压为 0 V；2、4、6 端相序为负序			
I_1	I_5	φ_1	φ_2
4.99 A	5.03 A	106°	344°
φ_1 为 $\dot{U}_{24}$ 超前 $\dot{I}_1$ 的相位差角，φ_2 为 $\dot{U}_{64}$ 超前 $\dot{I}_5$ 的相位差角。			

2.已知三相三线有功表接线错误，其接线形式为：U 相元件 U_{VW}、$-I_W$，W 相元件 U_{UW}、I_U，请写出两元件的功率 P_U、P_W 表达式和总功率 P' 表达式，并计算出更正系数 K。（三相负载平衡且正确接线时的功率表达式为 $P=\sqrt{3}UI\cos\phi$）

任务 3.3　电能计量装置错误接线的退补电量计算方法

【教学目标】

- 知识目标

1.熟悉低压三相四线电能计量装置的计量原理。

2.熟悉高压三相三线电能计量装置的计量原理。

3.掌握低压三相四线电能计量装置一元件、二元件、三元件功率计算公式。

4.掌握高压三相三线电能计量装置一元件、二元件功率计算公式。

5.掌握更正系数计算公式。

6.熟悉错误接线电量退补规定。

- 能力目标

1.能根据错误接线形式进行元件功率计算。

2.能正确计算更正系数。

3.能进行错误接线方式下的退补电量计算。

- 态度目标

1.能主动学习,在完成任务的过程中发现问题、分析问题和解决问题。

2.能与小组成员协商、交流配合完成本次学习任务,养成分工合作的团队意识。

3.严格遵守安全规范,爱岗敬业、勤奋工作。

【任务描述】

根据计量装置错误接线的情况,进行更正系数计算,判断表计运行情况,并进行退补电量计算。

【任务准备】

1.课前复习相量图法。

2.填写任务工单的咨询、决策和计划部分。

【任务实施】

按照任务指导书实施任务。

任务指导书

工作任务	电能计量装置错误接线的退补电量计算方法			学　时	4
姓　名		学　号		班　级	
日　期					

任务描述:根据完成的高低压计量装置错误接线检查后的结果进行退补电量计算。

一、作业前准备

1.咨询(课外完成)。

①熟悉功率计算公式、三角函数化简。

②列出电能计量装置错误接线方式。

2.决策(课外完成)。

①任务分工。

内　容	姓　名						

②制订退补电量的步骤和方法。

序　号	实施步骤	备　注

二、现场作业步骤及要求

1.表计计量功率计算。

掌握三相四线电能表 3 个元件功率的计算公式,掌握三相三线电能表两个元件功率的计算公式,进行表计功率的计算与化简。

2.更正系数计算。

掌握更正系数的计算公式,并进行更正系数化简。

3.退补电量计算。

根据更正系数数值判断表计运行情况。根据用户实际用电情况进行退补电量计算。

三、作业后的检查

对计算数据进行核查。重点检查更正系数计算是否正确;退补电量是否符合相关规程规定。

四、清理施工现场

收集整理退补电量计算数据,做好后通知客户或需客户签字确认的其他事项。

【相关知识】

3.3.1　利用更正系数法计算退补电量

当电能表接线有误时,必然会出现电能表不计、多计或少计电量的问题。因此,经接线检查发现错误后,除应改正接线外,还应更正电量。所谓更正电量就是根据错误接线期的抄见电量,求出实际的用电量,并进行电量的退、补工作。我们常用更正系数法来计算补电量。(更正系数法)

(1)表计计量功率与更正系数

1)低压三相四线接线方式

电能表有 3 个计量元件,分别简称为一元件、二元件和三元件。每个元件记录的功率为加在该元件上的电压有效值、电流有效值、电压电流相量的相角差的乘积,具体表达式为:

$$P_1 = U_{20}I_1\cos\varphi_1, P_2 = U_{50}I_4\cos\varphi_2, P_3 = U_{80}I_3\cos\varphi_3$$

表计计量功率为:

$$P = P_1 + P_2 + P_3$$

注意上述公式中电压电流下标分别表示电能表表尾端子号,从左至右分别为 1、2、3、4、5、6、7、8、9、0。其中,2、5、8、0 为电压端子,1、3、4、6、7、9 为电流端子。

表计正确接线方式下的功率表达式为:

$$P_0 = 3UI\cos\varphi$$

注意:在利用更正系数法计算退补电量时,默认三相电源对称,三相负载对称。

故更正系数为:

$$K = \frac{P_0}{P} = \frac{W_0}{W}$$

式中　W——电能表错误接线期间的抄见电量,kW·h;

　　　W_0——电能表错误接线期间的正确电量,kW·h。

对同一种错误接线,在不同功率因数下,更正系数是各不相同的。因此,确定负载的功率因数是求更正系数的关键。

2)高压三相三线接线

电能表有两个计量元件,分别简称为一元件和二元件。每个元件记录的功率为加在该元件上的电压有效值、电流有效值、电压电流相量的相角差的乘积,具体表达式为:

$$P_1 = U_{24}I_1\cos\varphi_1, P_2 = U_{64}I_5\cos\varphi_2$$

表计计量功率为：

$$P = P_1 + P_2$$

注意上述公式中电压电流下标分别表示电能表表尾端子号，从左至右分别为 1、2、3、4、5、6、7。其中，2、4、6 为电压端子，1、3、5、7 为电流端子。

表计正确接线方式下的功率表达式为：

$$P_0 = \sqrt{3}\,UI\cos\varphi$$

注意：在利用更正系数法计算退补电量时，默认三相电源对称，三相负载对称。

故更正系数为：

$$K = \frac{P_0}{P} = \frac{W_0}{W} = \frac{\sqrt{3}\,UI\cos\varphi}{P_1 + P_2}$$

（2）退补电量规定

如发现电能计量装置接线错误，需进行电量退补时，计量装置接线错误电量退补规定以其实际记录的电量（抄见电量）为基数，按正确接线与错误接线的差额率退补电量，退补时间从电能表或互感器的上次检验或轮换后投入运行之日起至错误接线更正之日止。

其退补电量为：

$$\Delta W = W_0 - W = (K - 1)W$$

其中，当 $K>1$ 时，应补收电量；当 $K<1$ 时，应退电量。

利用上述更正系数法更正电量时，由于更正系数需通过对错误接线分析后求得，故更正电量后便可改正接线，这是它的优点。但是，求更正系数时，所利用的平均功率因数常常与错误接线期间的平均功率因数有出入，会影响计量退补电量的准确性，这是它的缺点。在实际退补条件不满足的情况下，采用更正系数法会产生较大的偏差，此时可在故障表计回路中串入一只经检定合格的同型号、规格的电能表，共同运行一段时间，记录两表电量，得到误接线计量装置的总体相对误差 γ。

$$\gamma = \frac{W - W_0}{W_0}$$

式中　W——试验期间，误接线电能表计量的抄见电量，$kW \cdot h$；

　　　W_0——试验期间，正确接线电能表计量的电量，$kW \cdot h$。

正确电量为：

$$W_0 = \frac{W}{1 + \gamma}$$

退补电量为：

$$\Delta W = W_0 - W = \frac{W}{1 + \gamma} - W = \frac{-\gamma}{1 + \gamma}W$$

需要说明的是，γ 不仅包含了被试电能表的元件误差，还包括接线引起的计量误差。

3.3.2 例题分析

【例3.8】 一低压电能计量装置,三相四线电能表经 TA 接入,TA 变比为 100/5,已知电能表起数为 000015,止数为 000040,负载功率因数为 0.966,三相电压、电流基本平衡。经现场检查判断接线方式为一元件($\dot{U}_U,\dot{I}_U$)、二元件($\dot{U}_W,\dot{I}_V$)、三元件($\dot{U}_V,-\dot{I}_W$)。请根据实际情况进行电量退补。

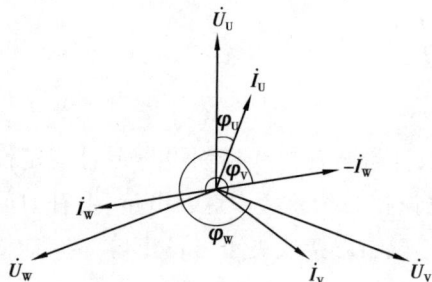

图 3.12 例 3.8 相量图

解:根据现场接线方式绘制相量图,如图 3.12 所示。

各元件计量功率分别为:

$$P_1 = U_U I_U \cos \varphi_U$$
$$P_2 = U_W I_V \cos(240° + \varphi_V)$$
$$P_3 = U_V I_W \cos(300° + \varphi_W)$$

电能表计量功率为:

$$P = P_1 + P_2 + P_3$$

由于三相负载基本对称,计算更正系数并化简得:

$$K = \frac{3UI \cos \varphi}{UI(\cos \varphi + \sqrt{3} \sin \varphi)} = \frac{3}{1 + \sqrt{3} \tan \varphi}$$

因 $\cos \varphi = 0.966$,故 $\varphi = 15°$,代入更正系数公式得:

$$K = \frac{3}{1 + \sqrt{3} \tan \varphi} = \frac{3}{1 + \sqrt{3} \tan 15°} = 2.049 > 1$$

已知差错期间起数为 000015,止数为 000040,可进行如下电量计算:

$$W = (止数 - 起数) \times TA 倍率 = (40 - 15) \times \frac{100}{5} \text{ kW} \cdot \text{h} = 500 \text{ kW} \cdot \text{h}$$

应补(追加)电量为:

$$\Delta W = W_0 - W = (K - 1)W = (2.049 - 1) \times 500 \text{ kW} \cdot \text{h} = 524.5 \text{ kW} \cdot \text{h}$$

答:应补(追加)电量 524.5 kW · h。

【例3.9】 某一高压用户,现场检查接线方式是 $\dot{U}_{UV}$、$\dot{I}_W$、$\dot{U}_{WV}$、$-\dot{I}_U$。错误运行共发行电量 100 000 kW · h。求更正系数,应追补多少电量?(三相负载对称,$\varphi = 36.1°$)画出相量图。

解:根据现场接线方式绘制相量图,如图 3.13 所示。

各元件计量功率分别为:

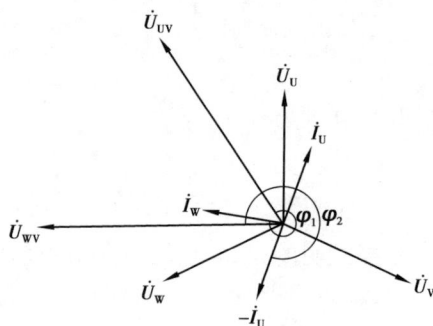

图 3.13 例 3.9 相量图

$$P_1 = U_{UV}I_W \cos(270° + \varphi), P_2 = U_{WV}I_U \cos(270° + \varphi)$$

电能表计量功率为：

$$P = P_1 + P_2 = 2UI \sin \varphi$$

由于三相负载基本对称,计算更正系数并化简得：

$$K = \frac{\sqrt{3} UI \cos \varphi}{2UI \sin \varphi} = \frac{\sqrt{3}}{2}\cot \varphi$$

因 $\varphi = 36.1°$,代入更正系数公式得：

$$K \approx 1.2$$

应追加电量为：

$$\Delta W = (K - 1) \times W = (1.2 - 1) \times 100\ 000\ kW \cdot h = 20\ 000\ kW \cdot h$$

答：更正系数为 1.2,应补(追加)电量 20 000 kW·h。

【例 3.10】　10 kV 用户采用三相三线有功电能表计量。接线时,W 相电流互感器二次侧接反。错误接线期间电能表记录电量为 27 000 kW·h,用一套同型号的电能计量装置按正确接线方式接入电路,运行一天后可得数据: $W' = 600\ kW \cdot h$, $W'_0 = 1\ 500\ kW \cdot h$,求该用户实际电量及差错电量,并判断该计量装置是多计还是少计?

解：该电能计量装置在错误接线时的相对误差

$$\gamma = \frac{W' - W'_0}{W'_0} = \frac{600 - 1\ 500}{1\ 500} = -0.6$$

正确电量为：

$$W_0 = \frac{W}{1 + \gamma} = \frac{27\ 000}{1 - 0.6}kW \cdot h = 67\ 500\ kW \cdot h$$

差错电量为：

$$\Delta W = \frac{-\gamma}{1 + \gamma}W = \frac{0.6}{1 - 0.6} \times 27\ 000\ kW \cdot h = 40\ 500\ kW \cdot h$$

答：该用户实际电量为 67 500 kW·h,差错电量为 40 500 kW·h,该计量装置为少计电量。

任务 3.4　电能表的现场校验

【教学目标】

● 知识目标

1.理解实际负荷标准电能表法校准电能表的原理。

2.熟悉电能表现场校验仪的作用。

●能力目标

1.能对电能表进行校验接线。

2.能正确操作现场校验仪进行被试电能表的接线检查及误差测试。

3.能明确现场校验电能表的安全注意事项。

●态度目标

1.能主动学习,在完成任务过程中发现问题、分析问题和解决问题。

2.能与小组成员协商、交流配合完成本次学习任务,养成分工合作的团队意识。

3.严格遵守安全规范,爱岗敬业、勤奋工作。

【任务描述】

通过对单相、三相电能表现场校验仪的基本原理的介绍,掌握电能表现场校验仪的操作步骤。

【任务准备】

1.了解《电能表计量装置技术管理规程》(DL/T 448—2016)中的相关内容;

2.了解《电能表现场校验标准化作业指导书》的内容。

【任务实施】

1.按照任务指导书实施任务。

任务指导书 1

工作任务	电能表的现场检验		学　时	6
姓　名		学　号		班　级		日　期	

任务描述:按照工单任务要求完成低压单相电能表现场检验工作。

一、工作前准备

(一)准备工作安排

1.根据工作任务要求,确定工作内容。组织工作人员学习作业指导书,全体工作人员熟悉工作内容、进度要求、作业标准、安全注意事项。由工作负责人监督检查。

2.了解现场作业环境条件,分析可能遇到的问题,提出有效的预防措施。在现场检验时,工作条件应满足下列要求:

①环境温度:0~35 ℃;

②电压对额定值的偏差不应超过±10%；

③频率对额定值的偏差不应超过±2%；

④负荷相对稳定。

3.测量仪表和安全工器具经过定期检验且合格。

4.携带的工具和材料能够满足安装作业的需求。

5.填写工作票或派工单,内容清楚、工作任务和工作范围明确。

(二)准备好下列工具及材料

安装工具一套(活动扳手、平口螺丝刀、十字螺丝刀、剥线钳、尖嘴钳、电工刀等)。

二、作业步骤及标准

1.检查仪器的完整性,附件是否齐全,检查测试线有无破皮漏电现象;做好安全防护措施。

2.打开仪器,将电压线、电流钳表及脉冲线接在仪器对应接口。

3.依次将脉冲线、电流钳表及电压线接到被测电能表上;接入电压线时,先接零线,再接火线;接线时,注意用电安全;切勿碰触金属带电物体。

4.若使用虚负荷电源时,必须将火线与虚负荷电源线分别接到单相电能表的1、2 号端子上,使用电流钳表卡在虚负荷电流线上,注意电流方向;接线如图 3.14 所示。

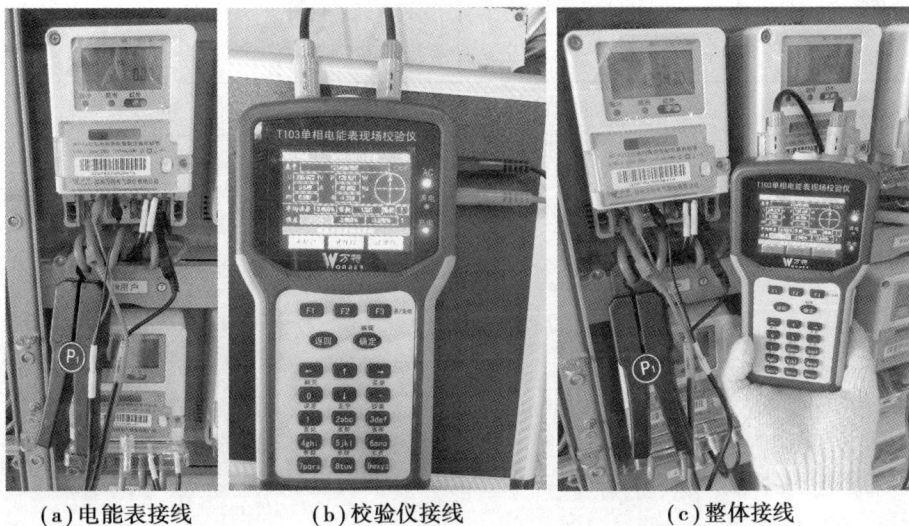

(a)电能表接线　　　　(b)校验仪接线　　　　(c)整体接线

图 3.14　接线图

5.读取被测电能表参数,操作仪器,在仪器上输入对应被校电能表参数。

6.按工作任务要求,对运行中的电能表进行现场校验工作,记录测试数据。

①测量实际负荷下电能表的误差;

②电能表时钟检查;

③电池检查。

7.测试完成后,依次将电压线、电流钳表和脉冲线从被测电能表上拆下,电压线拆除时,先拆火线(和虚负荷线),再拆零线。

8.关闭设备,整理现场,清点附件,清洁钳表口,设备装箱。

续表

三、作业后检查
1.检查电能表接线正确无误后,安装被校表表尾壳体,用封钳封。
2.请客户在工作单上履行确认签字手续。
四、清理施工现场
1.清理现场,保证现场无遗留工具、物件和其他杂物。
2.检查设备无遗留附件、套线等。
3.检查电能计量装置已至正常工作运行状态。
4.清点工具,清理工作现场。
5.检查工作单上记录,严防遗漏项目。
6.负责人在工作记录上详细记录本次工作内容、工作结果和存在的问题等。
7.终结工作票(派工单)手续。
8.出具工作传单,请客户在工作单上履行确认签字手续。

2.危险点预防分析(风险辨识)及控制措施参见附录Ⅲ营销〔2013〕26号-国网湖南电力营销部关于转发国家电网公司计量标准化作业指导书的通知。

任务指导书 2

工作任务		三相电能表的现场检验		学　时	2
姓　名		学　号		班　级	
				日　期	

任务描述:按照工单任务要求完成低压三相四线电能表现场检验工作。

一、工作前准备

(一)准备工作安排

1.根据工作任务要求,确定工作内容。组织工作人员学习作业指导书,全体工作人员熟悉工作内容、进度要求、作业标准、安全注意事项。由工作负责人监督检查。

2.了解现场作业环境条件,分析可能遇到的问题,提出有效的预防措施。在现场检验时,工作条件应满足下列要求:

①环境温度:0~35 ℃;

②电压对额定值的偏差不应超过±10%;

③频率对额定值的偏差不应超过±2%;

④负荷电流应高于被检电能表标定电流的10%(对于 S 级的电能表高于 5%)或功率因数高于0.5时;

⑤负荷相对稳定。

3.测量仪表和安全工器具经过定期检验且合格。

4.携带的工具和材料能够满足安装作业的需求。

5.填写工作票或派工单,内容清楚、工作任务和工作范围明确。

(二)准备好下列工具及材料

1.三相电能表现场校验仪及其附件套线。

2.安装工具一套(活动扳手、平口螺丝刀、十字螺丝刀、剥线钳、尖嘴钳、电工刀等)。

二、作业步骤及标准

1.检查仪器的完整性,附件是否齐全,检查测试线有无破皮漏电现象;做好安全防护措施。

2.打开仪器,将电压线、电流线(钳表)及脉冲线接在仪器对应接口。

3.依次将脉冲线、电流线(钳表)及电压线接到被测电能表上;接入电压线时,先接零线,再依次接入三相火线;接线时,注意用电安全;切勿碰触金属带电物体;接线如图3.15所示。

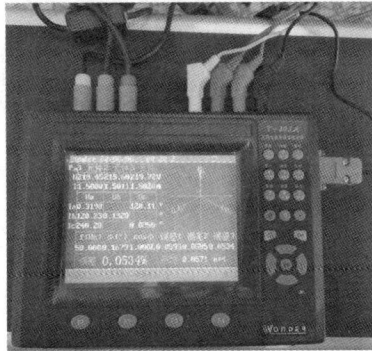
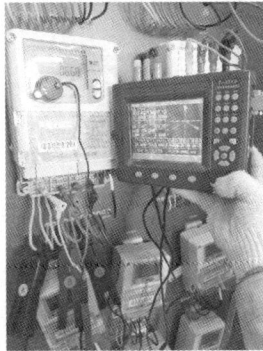

(a)电能表接线　　　　　(b)校验仪接线　　　　　(c)整体接线

图 3.15　接线图

4.读取被测电能表参数,操作仪器,在仪器上输入对应被校电能表参数。

5.按工作任务要求,对运行中的电能表进行现场校验工作,记录测试数据。

①测量实际负荷下电能表的误差;

②电能表时钟检查;

③电池检查;

④失压记录检查;

⑤多功能电能表检测项目(如果主站端具有远方功能,则该项目不需要):

a.检查各费率电量之和与总电量是否相等(多费率电能表的组合误差);

b.检查电能表内部日历时钟是否正确;

c.检查费率时段设置是否正确;

d.检查电能表访问权限设置及最近编程次数及最近一次编程时间;

e.检查多费率(多功能)电能表的负荷曲线(若电能表具有此项功能);

f.检查最大需量寄存器设置是否正确;

g.检查多费率(多功能)电能表的结算(冻结时间)日是否正确。

⑥检查电能表和与之连用的互感器的二次回路接线是否正确。

⑦检查计量差错和不合理的计量方式。

6.测试完成后,依次将电压线、电流线(钳表)和脉冲线从被测电能表上拆下,电压线拆除时,先拆火线,再拆零线。

7.关闭设备,整理现场,清点附件,清洁钳表口,设备装箱。

三、作业后检查

1.检查电能表接线正确无误后,安装被校表表尾壳体,用封钳封。

2.请客户在工作单上履行确认签字手续。

续表

四、清理施工现场
1.清理现场,保证现场无遗留工具、物件和其他杂物。
2.检查设备无遗留附件、套线等。
3.检查电能计量装置已至正常工作运行状态。
4.清点工具,清理工作现场。
5.检查工作单上记录,严防遗漏项目。
6.负责人在工作记录上详细记录本次工作内容、工作结果和存在的问题等。
7.终结工作票(派工单)手续。
8.出具工作传单,请客户在工作单上履行确认签字手续。

【相关知识】

3.4.1　电能计量装置现场检验的规定

①电能计量技术机构应制订电能计量装置现场检验管理制度,依据现场检验周期、运行状态评价结果自动生成年、季、月度现场检验计划,并由技术管理机构审批执行。现场检验应按《电能计量装置现场检验规程》(DL/T 1664—2016)的规定开展工作,并严格遵守《电力安全工作规程　电力线路部分》(GB 26859—2011)及《电力安全工作规程　发电厂和变电站电气部分》(GB 26860—2011)等相关规定。

②现场检验用标准仪器的准确度等级至少应比被检品高两个准确度等级,其他指示仪表的准确度等级应不低于 0.5 级,其量限及测试功能应配置合理,电能表现场检验仪器应按规定进行实验室验证(核查)。

③现场检验电能表应采用标准电能表法,使用测量电压、电流、相位和带有错误接线判别功能的电能表现场检验仪器,利用光电采样控制或被试表所发电信号控制开展检验。现场检验仪器应有数据存储和通信功能,现场检验数据宜自动上传。

④现场检验时不允许打开电能表罩壳和现场调整电能表误差,当现场检验电能表误差超过其准确度等级值或电能表功能故障时应在 3 个工作日内处理或更换。

⑤新投运或改造后的Ⅰ、Ⅱ、Ⅲ类电能计量装置应在带负荷运行 1 个月内进行首次电能表现场检验。

⑥运行中的电能计量装置应定期进行电能表现场检验,要求如下:

a.Ⅰ类电能计量装置宜每 6 个月现场检验一次。

b.Ⅱ类电能计量装置宜每 12 个月现场检验一次。

c.Ⅲ类电能计量装置宜每 24 个月现场检验一次。

⑦长期处于备用状态或现场检验时不满足检验条件[负荷电流低于被检表额定电流的 10%（S 级电能表为 5%）或低于标准仪器量程的标称电流 20%或功率因数低于 0.5 时]的电能表，经实际检测，不宜进行实负荷误差测定，但应填写现场检验报告、记录现场实际检测状况，可统计为实际检验数。

⑧对发、供电企业内部用于电量考核、电量平衡、经济技术指标分析的电能计量装置，宜应用运行监测技术开展运行状态检测，当发生远程监测报警、电量平衡波动等异常时，应在两个工作日内安排现场检验。

⑨运行中的电压互感器，其二次回路电压降引起的误差应定期检测。35 kV 及以上电压互感器二次回路电压降引起的误差，宜每两年检测一次。

⑩当二次回路及其负荷变动时，应及时进行现场检验。当二次回路负荷超过互感器额定二次负荷或二次回路电压降超差时应及时查明原因，并在 1 个月内处理。

⑪运行中的电压、电流互感器应定期进行现场检验，要求如下：

a.高压电磁式电压，电流互感器宜每 10 年现场检验一次；

b.高压电容式电压互感器宜每 4 年现场检验一次；

c.当现场检验互感器误差超差时，应查明原因，制订更换或改造计划并尽快实施，时间不得超过下一次主设备检修完成日期。

⑫运行中的低压电流互感器，宜在电能表更换时进行变比、二次回路及其负荷的检查。

⑬当现场检验条件可比性较高，相邻两次现场检验数据变差大于误差限的 1/3，或误差的变化趋势持续向一个方向变化时，应加强运行监测，增加现场检验次数。

⑭现场检验发现电能表或电能信息采集终端有故障时，应及时进行故障鉴定和处理。

3.4.2　电能表现场校验仪的基本原理

电能表现场检验是在实际用电负荷状态下，对运行中电能表实施的在线检查和测试。

电能表现场检验项目有外观检查、接线检查、计量差错和不合理计量方式检查、工作误差试验、计数器电能示值组合误差试验、时钟示值偏差试验、通信接口检查及功能检查。

电能表现场校验仪是用来定期对电能计量装置（主要是高供高计电能计量装置）进行现场校验的仪器。其操作方便，不仅能测量电能表的基本误差，还能对电能计量装置的接线进行检查，只要按仪器上的标志接好线，就可自动显示被测电能表中各元件的电压、电流、功率及相量图，并显示接线识别结果。因此，广泛用于发、供电公司的电能测量、用电检查、电力稽查、差错接线、追补电量等方面。

电能表现场校验仪是标准电能表与相位分析软件的结合。按结构分为单相电能表现场校验仪和三相电能表现场校验仪两种。

（1）单相电能表现场校验仪

1）结构

单相电能表现场校验仪上一般为手持式，整体分为三大部分，即采样部分、显示部分和按键部分，如图3.16所示。

①采样部分。采样部分将被测量的电压、电流变换成小电压、小电流信号。电流的采样可通过串联至被测电路中取得，也可通过钳形电流表来完成，电流钳的大小可根据被测电流的大小进行更换，以提高测量精度。

②显示部分。显示部分为大屏幕液晶LCD显示，中文显示方式，能同时显示所有测试的电参数。

③按键部分。按键部分一般都由功能按键和数字键组成。功能按键包含复位键、回车键、保存键、退出键等。数字键由0~9组成，用于参数的设置、状态的修改、菜单的选择等功能的实现。

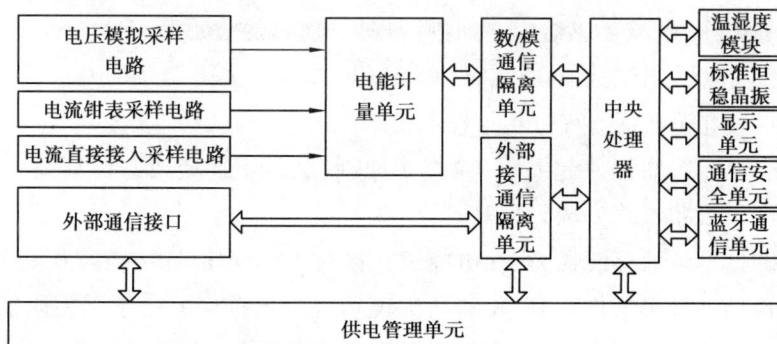

图3.16 单相电能表结构图

2）工作原理

单相电能表现场校验仪采用数字乘法器原理，将电流、电压进行一次变换，分别送入两路高速、高精度A/D转换器进行采样，将其结果送入数字乘法器相乘，通过MCU进行处理即可得到相关的电量参数。

①供电管理单元。其通过市电或现场取电方式实现交直流转换与电压转换，完成对电池的充电管理和设备的供电。

②电压模拟采样电路。其通过电阻分压方式，实现对电压的采样测量。

③钳表1采样电路（钳表2采样电路）是通过互感器，将大的电流信号转为小电流信号，再由电阻取样转为电压信号，完成电流信号的采样处理；钳表2采样电路主要应用于CT变比测量。

④电能计量单元。将采集来的电压与电流信号，经过A/D转换后，完成DSP运算，与中央处理器通信，完成数据交互。

⑤通信隔离单元，实现将仪器内部的强弱电隔离通信和外部接口单元与内部通信隔离作用，保证人机的操作安全。

⑥中央处理器主要是实现智能电能表现场校验的各类功能测试与检定,完成数据交互与处理,实现人机对话功能。

⑦其他单元。

a.温湿度测量单元。其通过温湿度测量模块实现对现场的温湿度监控测量,再与中央处理器通信,完成数据交互。

b.标准恒稳晶振。采用 10 MHz 的恒稳晶振,为中央处理器提供标准频率输入,协助中央处理器完成电能表的日计时误差测量。

c.显示单元。采样 3.2 寸彩色显示屏,实现人机界面的对话功能。

d..通信安全单元。利用国网 W-ESAM 加密芯片,实现中央处理器与蓝牙通信单元和外部接口单元的通信加密处理。

e.蓝牙通信单元。作为设备中央处理器与计量现场作业终端的通信介质,实现两者之间或设备与外部 PC 数据交互的桥连作用。

3)单相电能表现场校验仪的主要功能及使用

单相电能表现场校验仪的功能较为简单,适用于现场测量电参数、查窃电等领域。可进行单相电能表的校验和低压变比的测试,能测量多种电量参数,校验电能表误差。

由于不同的生产厂的校验仪,操作方式略有不同,所以现场操作时要仔细阅读使用说明书,熟悉操作步骤后再进行现场使用。操作时一般使用内部锂电池供电,电流钳接入电流的方式进行校验或测量,采样方式可以是光电、脉冲,也可以用手动控制开关,视具体情况而定。

(2)三相电能表现场校验仪

1)结构

三相电能表现场校验仪主要由采样单元、测量单元、数据处理单元、显示单元、通信单元和电源单元组成,如图 3.17 所示。

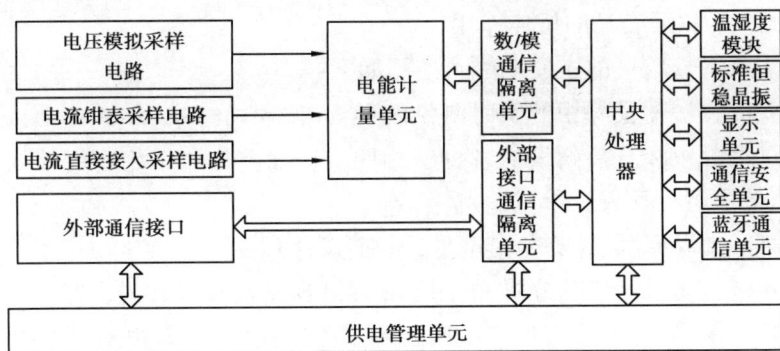

图 3.17　三相电能表结构图

2)工作原理

三相电能表现场校验仪目前大多采用数字交流采样技术,选用高速 A/D 转换芯片和 DSP 高速数字信号处理器,对电能表的测试数据实现全部数字化处理,并将处理后的数据进行计算、显示和存储。

①供电管理单元。其通过市电或现场取电方式实现交直流转换与电压转换,完成对电池的充电管理和设备供电。

②电压模拟采样电路。其通过电阻分压方式,实现对电压的采样测量。

③电流钳表采样电路(电流直接接入采样电路)。其通过互感器,将大的电流信号转为小电流信号,再由电阻取样转为电压信号,完成电流信号的采样处理。

④电能计量单元。将采集来的电压与电流信号经过 A/D 转换后,完成 DSP 运算,与中央处理器通信,完成数据交互。

⑤通信隔离单元。实现将仪器内部的强弱电隔离通信和外部接口单元与内部通信隔离作用,保证人机的操作安全。

⑥外部接口单元。具有标准脉冲输出、被测电能表脉冲输入和与外部通信接口,协助中央处理器完成现场校验的各检测功能。

⑦中央处理器。主要是实现智能电能表现场校验的各类功能测试与检定,完成数据交互与处理,实现人机对话功能。

⑧其他单元。

a.温湿度测量单元。其通过温湿度测量模块实现对现场的温湿度监控测量,再与中央处理器通信,完成数据交互。

b.标准恒稳晶振。采用 10 MHz 的恒稳晶振,为中央处理器提供标准频率输入,协助中央处理器完成电能表的日计时误差测量。

c.显示单元。采样彩色显示屏,实现人机界面的对话功能。

d.通信安全单元。利用国网 W-ESAM 加密芯片,实现中央处理器与蓝牙通信单元和外部接口单元的通信加密处理。

e.蓝牙通信单元。作为设备中央处理器与计量现场作业终端的通信介质,实现两者之间或设备与外部 PC 数据交互的桥连作用。

三相电能表现场校验仪的主要功能及使用如下:

①可显示实时相量图及每相的实时测量波形,方便现场查线,具备自动接线识别功能。可以识别经互感器测量和直接测量的各种三相四线接线方式和三相三线接线方式,报告识别结果,并给出电量纠正系数。

②能判断接线错误原因、计算差错电量,识别各种窃电手段。

③可对谐波进行实时测量及分析,能测量 2~63 次谐波含量和失真度。

④具有丰富的操作界面,可测量三相四线和三相三线的电压、电流、频率、相位、功率因数、有功功率、无功功率、视在功率等电参数。

⑤可现场校验单相有功电能表、三相三线有功电能表、三相四线有功电能表、单相无功电能表、三相三线无功电能表和三相四线无功电能表。

⑥可以同时检验主副电能表或同一只电能表的有功电能和无功电能。

⑦既可直接测量输入电流,也可通过钳形电流表不断开接线测量电流。可配四套不同

规格的钳形电流表,范围在 1~1 000 A 内自选(标配 5 A,选配 100,500,1 000 A 钳形电流表),四套钳形电流表具有独立的校准系数,可分开独立校准。

⑧能直接测量 TA 比值差和相位差。

3.4.3　电能表现场校验仪的基本操作步骤

交流电能表的现场检验操作主要分为接线操作及仪器操作两种。

(1)接线操作

接线操作就是将校验仪试验线与被试电能表的电压、电流线相连。

①将电压线接在现场校验仪设备上,再利用合适的夹子接在被校表电压端子或母排上取电压,完成电压测量。

②将钳表接在设备上,再卡在对应电流线上,注意电流流向;若被测电能表无电流或电流很小时,还可接入虚负荷电流线完成对电能表的测试。

③将脉冲输入线(或光电采样器)接入脉冲口,再对应接到电能表脉冲端子(脉冲线接脉冲端子,电能表分有无脉冲与无功脉冲)或脉冲灯(光电采样器吸在脉冲灯部位)。

(2)仪器操作

在设备上输入被测电能表参数,即可完成误差测试,电能表错误接线分析,向量图显示,谐波分析等功能,需要测量的各类电参量信息,在主界面几乎可以完全显示出来。

具体步骤:通过专用接线盒(联合接线盒)或电能表屏内的试验端子,分别将标准电能表各相的电流线路与被检电能表对应相别的电流线路串联;分别将标准电能表各相的电压线路,与被检电能表对应相别的电压线路并联。然后先给电压线路加电压,当现场校验仪显示的各相电压正常后,再缓慢松开专用接线盒中的电流短路端子,接通各相电流回路,使现场校验仪屏显示各相电压、电流、功率及相量图。

3.4.4　使用电能表现场校验仪的注意事项

①由于单相电能表的虚负荷电流与火线需同时接入,另则三相电能表接入电压点也较多,现场环境复杂,应注意用电安全;在操作时,最好使用安全手套操作。

②在使用现场检验仪时,先开机再接线;接线顺序为先接仪器端,再接入测试仪表端;拆线顺序为先拆测试仪表端,再拆仪器端。

③测试完成后,先拆线再关机。

④由于内部有锂电池供电,若长时间不使用时,应按用户手册要求,定期为设备充电维护。

⑤仪器和其配置的钳表均为精密设备,在使用时,注意不要磕碰。

⑥钳表测量有等级要求,在使用时注意保护,一旦有磕碰损伤或有杂质进入钳表口处,必定影响测量精度,请保持钳口清洁。

⑦仪器设备均有精度要求,切勿私自拆机维修,如有问题请及时联系厂家维修。

【思考与练习】

1.某低压用户装一块三相四线有功电能表,并经 3 台 200/5 电流互感器接线,有一台过载烧毁,用户自行更换了一台 300/5 的电流互感器,供电部门因故未到现场,半年后才发现。在此期间电能表共计抄过电量 50 000 kW·h,试求应退补的电量。

2.某用户三相四线电能计量装置错误接线为元件 1:$(\dot{I}_U,\dot{U}_U)$、元件 2:$(\dot{I}_W,\dot{U}_V)$、元件 3:$(-\dot{I}_V,\dot{U}_W)$。已知在错误接线期间,电能表所计电能量为 5 000 kW·h,用户负载平均功率因数为 0.88,试求退补电量(设三相负载对称)。

3.某用户三相三线电能计量装置错误接线为:元件 1 所接电压、电流分别是 $\dot{U}_{UW}$、$-\dot{I}_W$;元件 2 所接电压、电流分别是 $\dot{U}_{VW}$、$-\dot{I}_U$,已知在错误接线期间,电能表所计电能量为 40 000 kW·h,用户负载平均功率因数为 0.9,试求正确电量及退补电量(设三相负载对称)。

4.电能表计量装置技术管理规程规定,对运行中的电能计量装置应定期进行电能表现场检验,要求如何?

5.什么是电能表现场检验? 电能表现场检验项目有哪些?

6.电能表现场校验仪的作用是什么?

情境 4　用电信息采集终端的安装

【情境描述】

按行业标准及技术管理规程介绍用电信息采集终端的安装调试、检查及故障处理方法。

【情境目标】

1.掌握各种用电信息采集终端的功能和作用。
2.掌握各种用电信息采集终端的安装及调试方法。
3.掌握各种用电信息采集终端的故障分析及处理。
4.能正确选择使用终端安装调试的常用仪表。
5.掌握用电信息采集终端安装的标准化作业流程。

【教学环境】

用电信息采集终端实训室（或一体化教室）、多媒体课件、电能计量教学视频。

任务 4.1　用电信息采集（负荷）终端的安装

【教学目标】

● 知识目标
1.熟悉各种用户用电信息采集终端的功能和作用。

2.掌握各种用户用电信息采集终端的安装要求。

3.掌握各种用户用电信息采集终端的调试方法。

4.掌握现场作业的安全措施。

● 能力目标

1.熟悉电力用户用电信息采集系统的功能和技术规范。

2.掌握用电信息采集终端的安装及调试方法。

3.能明确现场施工的作业要求。

● 态度目标

1.能主动学习,在完成任务的过程中发现问题、分析问题和解决问题。

2.能与小组成员协商、交流,配合完成本次学习任务,培养分工合作的团队意识。

3.严格遵守安全规范,爱岗敬业、勤奋工作。

【任务描述】

按照《电力用户用电信息采集系统功能规范》(Q/GDW 1373—2013)、《国家电网公司用电信息采集系统建设管理办法》的要求安装采集终端并进行调试。

【任务准备】

1.课前预习用电信息采集终端的选配原则及选配方法。

2.准备安装的相关工器具及材料。

3.填写工作任务工单。

【任务实施】

1.按照任务指导书实施任务。

任务指导书

工作任务	用电信息采集(负荷)终端的安装			学　时	4
姓　名		学　号	班　级	日　期	

任务描述:根据指定的用户(学院超市或用户家庭)进行用户用电设备调查,正确完成用电信息采集终端的安装调试。

一、作业前准备

1.根据任务工单完成用户用电设备情况的调查,了解用户表计信息,计量表类型、功能及数量,了解拉闸开关的类型、负荷量、作用与性能的好坏,轮次的定义,所需材料的大概数量。

2.根据用户用电环境,确定用电信息采集终端的安装位置。

3.根据用户用电设备情况,确定用电信息采集终端的电源接线、遥控线及遥信接线的位置。

二、作业步骤及标准

作业要求:严格按照《电能计量装置安装接线规则》(DL/T 825—2002)、《国家电网公司用电信息采集系统建设管理办法》的有关要求进行现场施工,要求做到布线合理美观整齐,连接可靠。

1.用电信息采集终端的固定。

2.SIM 卡及天线的固定。

3.终端的电源接线。

4.RS485 的连接,有功及无功脉冲的连接。

5.遥控线的连接。

6.遥信线的连接。

三、作业后检查

(一)送电前的检查

1.安装工艺质量应符合有关标准要求,检查用电信息采集终端、天线安装是否牢固,位置是否适当。

2.产品外观质量应无明显瑕疵和受损。

3.用电信息采集终端电源接线、RS485、有功及无功脉冲接线、遥控线及遥信线的连接是否正确,连接是否可靠,有无碰线的可能,安全距离是否足够,各接点是否坚固牢靠等。

4.按工单要求抄录用户信息、终端信息、电能表信息及开关信息。

(二)送电后调试步骤

1.上行通信参数的设置。

2.下行通信参数的设置。

3.主站、终端、电能表数据核对。

4.用户开关跳合闸实验。

四、清理施工现场

对电能表、试验接线盒、计量柜前后门、互感器箱前后门、电压互感器隔离开关把手、二次连线回路端子盒等应加装部位加装封印;检查、清点、整理、收集施工工具和施工材料。做好后应通知用户或需用户签字确认的其他事项。

2.危险点分析和控制措施。

①严格执行《国家电网公司电力安全工作规程》(2013 年版)的要求,做好施工前、施工中的安全技术措施。工作负责人向参与施工的工作人员交代本次工作范围现场危险点状况,待所有工作人员在工作票上全部签名后,方可进行用电信息采集终端安装工作。

②安全工器具应配置齐全,所有安全工器具应经过近期检查安全试验合格,并在有效期内。

③所有施工工器具裸露部位应作好绝缘措施。

动画 集中器 RS-485 接线的检查方法

4.1.1 用电信息采集终端的类型

用电信息采集终端是指对各测量点进行用电信息采集的设备,简称采集终端。可实现电能表数据的采集、管理、转发或执行控制命令。用电信息采集终端按应用场所分为厂站采集终端、专变采集终端、集中抄表终端(包括集中器、采集器)、回路状态巡检仪等类型。

厂站采集终端是应用在发电厂和变电站的采集终端,可实现电能表信息的采集、存储、处理和传输。厂站采集终端的安装方式有机架式和壁挂式两种。

专变采集终端是对专变用户的用电信息进行采集的设备。可实现电能表数据的采集、电能计量设备工况和供电电能质量监测,以及用户用电负荷和电能量的监控,并对采集数据进行管理和双向传输。

集中抄表终端是对低压用户用电信息进行采集的设备,包括集中器和采集器。

集中器是指收集各采集器或电能表数据,并进行处理存储,同时能和主站或手持设备进行数据交换的设备。

采集器是用于采集多个或单个电能表的电能信息,并可与集中器交换数据的设备。采集器根据功能可分为基本型采集器和简易型采集器。

基本型采集器抄收和暂存电能表数据,并根据集中器的命令将存储的数据上传给集中器。

简易型采集器直接转发集中器与电能表间的命令和数据。

4.1.2 用电信息采集终端选取原则

用电信息采集终端安装应选择具备通信条件且方便安装、易于维护的场所。针对不同安装地点,采集终端应满足以下要求:

①变电站、发电厂侧电能计量装置应配置厂站采集终端,35 kV 及以上电能计量装置宜选用机架式厂站采集终端,厂站采集终端符合 DL/T 698.31—2010 和 DL/T 698.32—2010 的有关要求。

②高压供电用户的电能计量装置应配置专变采集终端,并宜安装在计量屏、柜、箱内,专变采集终端应符合 Q/GDW 1373、Q/GDW 1374.1 和 Q/GDW 1375.1 的有关要求。

③公用配电变压器的电能计量装置应配置集中器,集中器应符合 Q/GDW 1373、Q/GDW

1374.2 和 Q/GDW 1375.2 的有关要求。

④低压供电用户的电能计量装置需要安装采集器的应在计量箱中预留采集器位置,采集器应符合 Q/GDW 1373、Q/GDW 1374.1 和 Q/GDW 1375.1 的有关要求。

⑤一般情况下,低压供电用户的电能计量装置应具有电、水、气、热一体化信息采集的扩展功能,在计量箱中应预留安装通信接口转换器的位置。

4.1.3　用电信息采集终端设备的安装

(1)用电信息采集终端安装位置

①用电信息采集终端一般应安装在用户计量箱(柜)内,以便能受到保护,并便于接入电源线和用户所有表计的 RS485 线。若计量箱(柜)位置不够或没有低压综合配电柜,应考虑增加独立的终端安装箱,并可根据现场实际情况选用合适的表箱。

a.配电装置在室内的情况:用电信息采集终端安装箱可以选择配电室内适当的位置。

b.配电装置在室外的情况:通过计量箱内装置调整出集中器的安装位置。计量箱安装条件较差的应考虑更换计量箱。

②用电信息采集终端及其附属通信设备的安装位置,应保证不容易被破坏且容易观察。

(2)用电信息采集终端的安装

1)固定终端

终端的固定、安装方法和电能表完全相同,通常采用垂直安装方式,其上部有挂钩螺钉孔,可用 M4 挂钩螺钉固定,终端下部有两个安装孔,用 M4×10 或 M4×12 普通螺钉固定在接线板上。

2)电源部分接线

①用电信息采集终端电源规格分两类:一种是 3×100 V(三相三线终端);另一种是 3×220/380 V(三相四线终端)。它们的识别标志:终端面板上有该标志(注明 3×100 V 或 3×220/380 V 字样)。如两种电压都标注,则说明该终端两种电压都能适应。

②电源选择原则:

A.外接电路电压必须与终端所要求的电源电压相一致。

B.终端电源取电原则是保证只要厂家的高压开关投运,终端就有电。

接电源接线时,先考察用户的接线图,对用户的用电运行方式有所了解,再确定接线的位置(表4.1)。

表 4.1　列出几种情况及接线位置

用电情况	运行情况	取电源处	备　注
单电源单变压器用户		一般取在变压器低压总出线端的刀闸上端	

续表

用电情况	运行情况	取电源处	备　注
单电源双变压器用户	主备运行	一般取在照明回路或低压联络开关上	
	并行运行	一般取在照明回路或常用的回路上	
双电源单变压器用户		一般取在变压器低压总出线端的刀闸上端	
双电源双变压器用户	主备运行	一般取在照明回路或低压联络开关上	
	并行运行	一般取在照明回路或常用的回路上	

③用电信息采集终端分为三相四线和三相三线两种类型,这两种类型终端的电源部分接线端子排列和三相电子表完全一致。三相四线电源接线图如图 4.1 所示;三相三线电源接线图如图 4.2 所示。

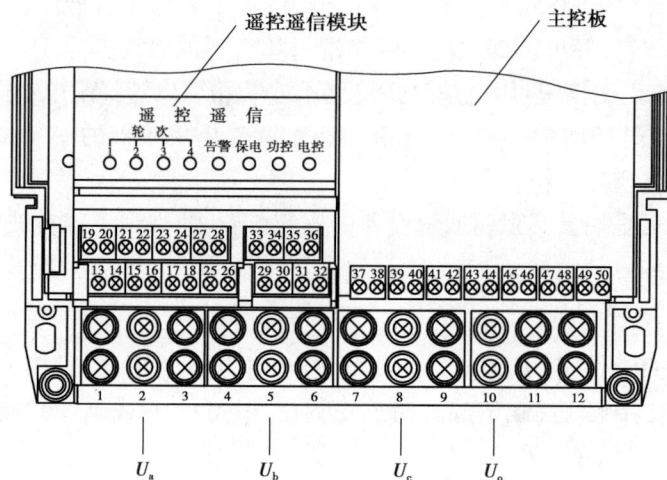

图 4.1　三相四线电源接线图

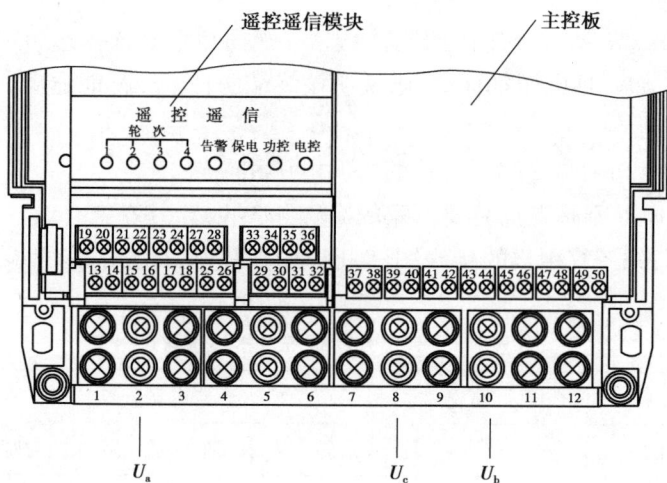

图 4.2　三相三线电源接线图

3）RS485 线接线

用电信息采集终端通过抄表 RS485 串口采集电能表的数据，终端与电能表之间接线如图 4.3 所示。RS485 通信线建议采用 2 芯屏蔽通信线，线径不小于 ϕ0.5 mm，最大接入线径为 ϕ2.0 mm（尽量使用较粗的屏蔽通信线）。终端 RS485 接口的 A 端（即 RS485 的"＋"极）与电能表 RS485 接口的 A 端（或 A＋端）相连，RS485 接口的 B 端（即 RS485 的"－"极）与电能表 RS485 接口的 B 端（或 A－端）相连，屏蔽层必须一端接地。

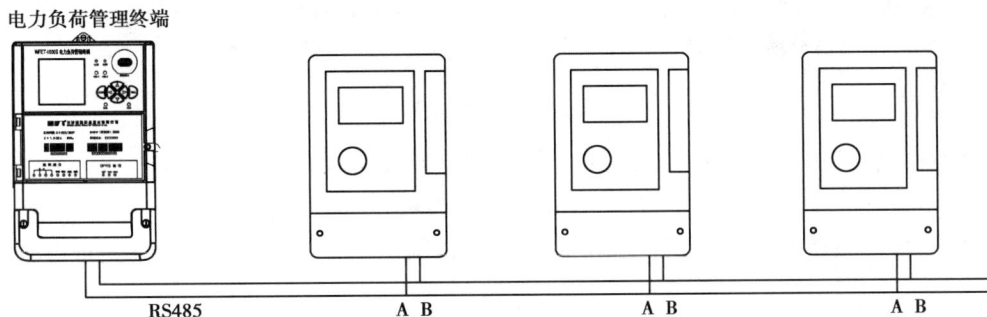

图 4.3　终端与电能表之间的接线图

4）脉冲线的连接

目前用电信息采集终端及电能表采用的都是有源脉冲输入，即由终端内部自供电源，不需外接 12 V 电源。表计的有功脉冲（＋）端接终端脉冲 1 的（＋）端，表计的有功脉冲（－）端接终端脉冲 1 的（－）端。表计的无功脉冲（＋）端接终端脉冲 2 的（＋）端，表计的无功脉冲（－）端接终端脉冲 2 的（－）端。

5）遥控线的连接

用电信息采集终端的控制常开接点跟用户断路器的励磁线圈联接，终端的控制常闭接点与用户断路器的失压线圈串联。

高压用户跳闸开关，一般是分励式（或称为给压式），位于高压进线柜。进线柜上有开关跳闸按钮。跳闸按钮一般有两种形式：按钮和分合闸的旋转开关。若为按钮则找到按钮两端的相应接点并接。

低压用户一般分为分励式和失压跳闸两种，一般以失压跳闸居多。如果是分励式跳闸，遥控接线并接在按钮两端的相应接点上，如图 4.4（a）所示；如果是失压跳闸，将遥控接线串接在按钮与失压线圈之间的回路上，如图 4.4（b）所示。

目前，遥控线一般采用双芯护套控制电缆作为遥控的连接线。

6）遥信接线

遥信采用无源空接点输入，可接在相应遥控跳闸机构的辅助接点上，遥信与遥控的对应关系为：轮次 1 对应遥信 1、轮次 2 对应遥信 2、轮次 3 对应遥信 3、轮次 4 对应遥信 4。

（3）用电信息采集终端调试

1）检查线路

①检查所有电源接线标记与实装是否一致。

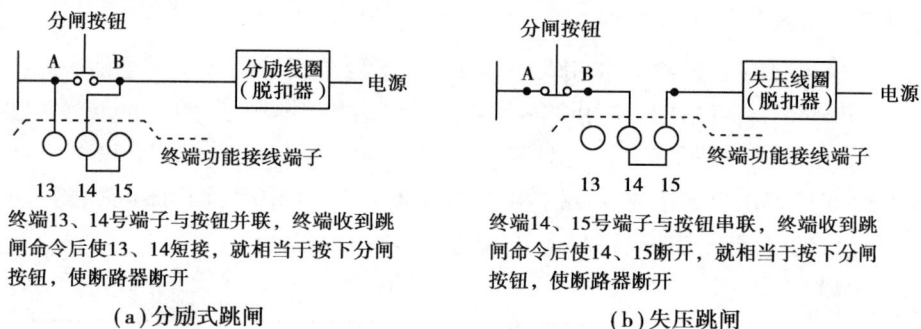

终端13、14号端子与按钮并联，终端收到跳闸命令后使13、14短接，就相当于按下分闸按钮，使断路器断开

（a）分励式跳闸

终端14、15号端子与按钮串联，终端收到跳闸命令后使14、15断开，就相当于按下分闸按钮，使断路器断开

（b）失压跳闸

图4.4 低压用户

②检查所有开关信号线和控制线的导线标记与安装路数是否一一对应。

③RS485通信线连接及集中器、总表485端口检查。

④用测量电阻法测量接线端钮盒的进线端和出线端，检查电源电缆应无短路或开路现象。

2）信号调试

①GPRS无线通信信号：现场采集终端显示屏上的无线信号场强标识应显示信号足够强，一般信号强度大于18就能保证正常通信。针对完全密闭金属柜或信号强度不够的地方需加装外置天线，同时通过调整天线位置可以增强信号强度。

②设置GPRS通信参数：终端的远程通信主要是通过GPRS/CDMA进行的，在设置GPRS/CDMA参数时必须先知道正确的GPRS/CDMA通信参数以及终端的地址等参数。如果配置的通信参数错误，则导致终端不能正常注册主站，出现此问题时只能通过到现场重新设置参数才能解决。

现场终端参数的设置如下：

主站IP设置：10.223.31.200，以各公司终端登录主站的IP地址为准。

主站端口设置：4000，以各公司登录主站开放的登录端口为准。

心跳周期：5~15 min。

移动卡APN设置：CSSDL.HN，以各移动公司规定的APN专用通道设置为准。

联通卡APN设置：DLCB.HN，以各联通公司规定的APN专用通道设置为准。

电信卡不需设置APN，但需设置用户名和密码，用户名为cs@dl.vpdn.hn，密码：××××××××。以各电信公司规定的用户名和密码设置为准。

物联网卡现场应用不需另设APN参数。

③终端逻辑地址设置：检查终端内部设置的地市区县码及终端地址是否与终端面板标注的完全一致。

普通终端的终端编号需要设置行政区划码，终端地址为5位BCD码。

面向对象终端的终端编号中没有行政区划码，终端地址为12位BCD码。

④设置终端时间：终端时间与北京时间一致。

⑤设置测量点参数：设置以下内容如类型、接线方式、CT倍率、PT倍率、额定电压、额定

电流、最大电流。

　　⑥设置电能表参数:需要设置以下内容如协议:07 协议;测量点:1;通道:RS485-1;接口:RS485 接口;地址:000000000001;波特率:1200;数据位:8;停止位:1;奇偶位:偶。

　　⑦与采集多功能电能表进行通信检查:核对终端与电能表显示参数的一致性。

　　⑧主站进行开关跳合闸实验。

　　现场采集终端采集多功能电能表的数据成功,现场采集终端能成功上传数据,主站、终端、电能表的数据应一致。现场采集终端就地分闸正确,负荷开关的状态信息正确,采集终端的安装与调试工作全部结束。

【思考与练习】

1.怎样选择用电信息采集终端设备的安装位置?

2.什么情况下用电信息采集终端的安装与调试工作才能全部结束?

任务 4.2　用电信息采集终端检查与处理

【教学目标】

　●知识目标

1.掌握各种用户用电信息采集终端的现场故障处理程序及内容。

2.掌握各种用户用电信息采集终端的检查和处理方法。

3.熟悉现场作业的安全措施。

　●能力目标

1.对用电信息采集终端进行现场检查分析,找出终端的故障原因并进行故障处理。

2.与小组成员协商、交流配合完成本学习任务。

3.提高现场分析和解决问题的能力。

4.能明确现场施工的作业要求。

　●态度目标

1.能主动学习,在完成任务的过程中发现问题、分析问题和解决问题。

2.能与小组成员协商、交流配合完成本次学习任务,培养分工合作的团队意识。

3.严格遵守安全规范,爱岗敬业、勤奋工作。

【任务描述】

根据《用电信息采集终端现场故障处理标准化作业指导书》对终端故障进行处理。

【任务准备】

1.课前预习《电力用户用电信息采集系统功能规范》《国家电网公司用电信息采集系统建设管理办法》等相关知识。

2.复习用电信息采集终端安装与调试的基本内容。

【任务实施】

按照任务指导书实施任务。

任务指导书

工作任务	用电信息采集终端检查与处理			学　时	4
姓　名		学　号		班　级		日　期	

任务描述:对用电信息采集终端进行现场检查分析,找出终端的故障原因并进行故障处理。

一、作业前准备

1.根据终端故障现象初步判断终端故障原因。

2.根据终端故障原因找到相应的处理方法。

3.根据相应的处理方法准备好备品和备件。

二、作业步骤

严格按照《用电信息采集终端现场故障处理标准化作业指导书》的有关要求进行现场故障处理。

1.检查终端故障现象,对故障现象进行初步分析。

2.根据故障现象排查故障原因。

3.根据故障原因采取相应的处理措施。

三、作业后检查

1.检查终端GPRS无线通信信号强度,如信号强度不够调整天线位置,使现场采集终端显示屏上的无线信号场强的指示标识显示足够强。

2.检查终端逻辑地址、终端时间是否正确。

3.主站召测多功能电能表的数据,核对主站、终端、电能表的数据是否一致。现场采集终端采集多功能电能表的数据成功,现场采集终端能成功上传数据,主站、终端、电能表的数据应一致。采集终端的故障处理工作全部结束。

续表

四、清理施工现场
对因故障处理工作而拆掉的部分封印重新加封;检查、清点、整理、收集施工工具和施工材料。做好后应通知用户或需用户签字确认其他事项。

【相关知识】

4.2.1　用电信息采集终端常见的故障

(1)故障的类型

①终端离线:指终端无法正常登录采集系统主站的现象。

②终端频繁登录主站:指采集终端频繁切换在线、离线状态的现象。

③数据采集失败:指采集系统主站无法成功获取采集终端或电能表的数据信息的现象。

④采集数据时有时无:指采集数据不完整、不连续,采集成功率波动较大的现象。

⑤数据采集错误:指采集数据与实际数据不一致的现象。

⑥事件上报异常:指采集终端出现漏报、错报或频繁上报重要事件的现象。

(2)故障现象甄别和处置方法

1)故障现象的处置原则

①优先排查主站。发现故障现象时,优先从主站侧分析查找原因,提升主站排除故障能力,降低现场工作难度和工作量。

②逐级分析定位。综合考虑用电信息采集各环节的实际情况,从系统主站、远程信道、采集终端、智能电能表等维度分段分析、排查问题,实现故障快速、准确定位和处理。

③批量优先处理。遇到多起并发故障时,综合考虑各故障的影响范围、恢复时间及抢修难度,优先处理影响用户多、修复难度小的故障。

④一次处置到位。对于同一区域/台区发现的不同故障,尽量一次派工同步进行排查和处理。根据可能的故障原因,提前备好物料,力争一次性做好故障处置。

2)常见故障原因汇总

①终端离线。造成终端离线的常见原因有:

A.终端安装区域停电或终端掉电。

B.运营商网络或光纤网络故障,通信卡损坏、丢失、欠费、参数设置错误,信号强度较弱,远程通信模块天线丢失等原因造成的远程通信信道故障,影响终端正常登录主站系统。

C.远程通信模块故障、采集终端故障等原因致使终端无法正常登录主站系统。

②终端频繁登录主站。造成终端频繁登录主站的常见原因有：

A.终端心跳周期参数设置错误。

B.终端安装位置信号强度弱。

C.采集终端部分硬件出现故障,如远程通信模块故障或采集终端其他硬件部分出现故障。

D.采集终端软件出现故障,如采集终端内存溢出。

③数据采集失败。造成数据采集失败的常见原因有：

A.主站、采集终端的参数或任务设置错误。

B.通信模块故障、时钟故障、通信协议不兼容、传输距离过远等。

C.采集终端、电能表 RS485 端口损坏、不同厂家载波芯片或采集设备不兼容等。

D.采集终端软件通信协议不兼容、自身程序缺陷等。

E.现场施工相线未接,RS485 接线错误或未接,电源线、通信模块等接触不良。

④数据采集时有时无。造成数据采集时有时无的常见原因有：

A.采集终端软件版本存在缺陷。

B.采集终端天线安装位置处无线信号强度较弱,无法与基站正常通信。

C.由于台区供电半径过大,导致电能表与集中器通信距离过远,载波或微功率信号衰减严重。

D.采集终端、电能表故障。

⑤数据采集错误。造成数据采集错误的常见原因有：

A.主站、采集终端参数设置错误。

B.采集终端、电能表时钟错误。

C.采集终端、电能表故障。

D.主站档案与现场实际情况不一致。

⑥事件上报异常。造成事件上报异常的常见原因有：

A.主站、采集终端参数设置错误。

B.采集终端、电能表电池失效。

C.采集终端故障。

3）故障现象甄别方法和处置措施

①终端离线。

A.主站侧分析终端离线的方法、处置步骤如下：

a.判断是否因停电引起终端离线。

故障分析:通过主站查询终端主动上报的停电事件,结合计划停电信息,判断离线的终端是否在停电的区域。

故障处理:若因停电引起终端离线,则需待供电恢复后跟踪终端在线情况。

b.检查离线终端所属网络是否正常运行。

故障分析:若离线终端的远程通信方式为无线公网通信,则联系相应运营商,核实离线终端通信卡资费、通信卡参数设置及网络运行情况是否正常;若离线终端的远程通信方式为有线通信,则联系信通公司核实专网网络运行情况。

故障处理:若终端的远程通信方式为无线公网通信,则联系相应运营商进行处理;若终端的远程通信方式为有线通信,则联系信通公司进行处理。

B.现场分析终端离线的方法、处置步骤如下:

a.判断终端的工作状态是否正常。

故障分析:检查终端外观是否出现黑屏、烧毁等现象;检查终端电源是否接入;检查终端是否死机或拨号异常。

故障处理:若终端外观出现黑屏、烧毁等现象,则更换终端;若终端电源无接入,需接入电源;若终端死机或拨号异常,则将终端重启上线。

b.判断终端通信参数是否正确。

故障分析:通过终端面板按键或掌机检查终端通信参数是否正确,如主站 IP、端口号、APN、用户名、密码、终端地址等参数。

故障处理:经检查发现参数设置不正确,需正确设置参数。

c.判断终端获取的信号强度是否足够。

故障分析:通过终端面板观察信号强度是否足够,或通过测试设备测试现场无线信号覆盖情况。

故障处理:若现场无线信号覆盖较差,则可考虑更换无线通信方案。若更换其他运营商通信模块后,信号强度仍不足,则需通过加装天线、信号放大器等方式,增强信号强度,或联系运营商寻求进一步解决。

d.检查无线通信模块及通信卡安装情况。

故障分析:检查无线通信模块指示灯是否工作正常,检查无线模块针脚是否弯曲。检查通信卡是否丢失、接触不良或损坏。

故障处理:若模块指示灯工作不正常,重新安装或更换模块;若模块针脚发生弯曲,直接更换模块;若通信卡丢失、损坏或接触不良,重新安装或更换通信卡。

e.检查采集终端是否发生故障。

故障分析:升级采集终端软件,判断是否正常登录主站。检查采集终端远程通信模块接口输出的电压值,应在 3.8~4.2 V 内。

故障处理:若采集终端远程通信模块接口输出电压值不在 3.8~4.2 V 内,应更换采集终端。

②终端频繁登录主站。

A.主站侧分析终端频繁登录的方法、处理步骤如下:

主站检查终端心跳周期参数是否设置正确。

故障分析:终端心跳周期参数设置过长导致采集终端频繁上下线。

故障处理:重新设置终端心跳周期参数,确保参数设置成功。

B.在现场分析终端频繁登录主站的方法、处置步骤如下:

a.观察终端液晶屏显示的信号强度。

故障分析:检查信号强度是否符合要求、天线是否正常。

故障处理:信号强度弱或不稳定,可加装外延天线或信号放大器。若仍无法解决,需联系运营商处理。

b.检查远程通信模块是否故障。

故障分析:观察远程通信模块通信指示灯是否正常,更换远程通信模块,观察终端能否正常登录。

故障处理:若远程通信模块故障,更换远程通信模块。

c.检查采集终端是否发生故障。

故障分析:升级采集终端软件,判断终端是否正常工作。检查采集终端远程通信模块接口输出的电压值,应在 3.8~4.2 V 内。

故障处理:若采集终端远程通信模块接口输出电压值不在 3.8~4.2 V 内,应更换采集终端。

③数据采集失败。在发生数据采集失败的故障时,首先透抄电能表实时数据,其内容包括电能表总电量、分时电量等数据,根据电能表数据透抄情况将故障分为以下两类:一是数据采集失败,但透抄电能表实时数据成功;二是数据采集失败,且透抄电能表实时数据失败。

下面将对以上两种情况的处理方法进行详细介绍:

A.对于"数据采集失败,但透抄电能表实时数据成功"的故障,按照以下步骤进行故障分析及处理:

a.主站侧检查终端任务是否正确下发。

故障分析:检查终端任务是否正确下发,低压采集点通常配置电能表日冻结任务,公、专变采集点还应配置电压、电流、功率曲线等任务。

故障处理:若终端任务设置错误或未下发,则正确设置并重新下发。

b.主站侧检查终端、电能表时钟是否正确。

故障分析:终端、电能表时钟与主站时钟偏差会造成日冻结数据采集失败,通过主站召测终端、电能表时钟,核对时钟是否正确。

故障处理:通过主站对时钟偏差在 5 min 内的电能表进行远程校时,对时钟偏差超过 5 min 的电能表可进行现场校时。若校时仍不成功,则更换电能表,终端时钟偏差可通过主站远程校时。

c.现场检查终端是否故障。

故障分析:检查终端所接入的其他电能表数据是否采集成功,若成功则表明终端正常;反之,则升级、更换终端后观察故障是否消除。若故障消除,则表明终端发生故障。

故障处理:若终端故障,则升级或更换终端。

d.现场检查电能表是否无法冻结数据。

故障分析:通过掌机确认电能表冻结数据是否正常。

故障处理:更换电能表。

B.对于"数据采集失败,且透抄电能表实时数据失败"的故障,按照以下步骤进行故障分析及处理:

a.主站侧检查终端参数是否正确设置并下发。

故障分析:检查终端参数是否正确设置,包括表地址、波特率、通信规约、通信端口号、序号、用户大/小类号等。

故障处理:若参数设置错误或未下发,则正确设置并重新下发。

b.主站侧检查终端任务是否正确下发。

故障分析:检查终端任务是否正确下发,低压采集点通常配置电能表日冻结任务,公、专变采集点还应配置电压、电流、功率曲线等任务。

故障处理:若终端任务设置错误或未下发,则正确设置并重新下发。

c.主站侧检查终端、电能表时钟是否正确。

故障分析:终端、电能表时钟与主站时钟偏差会造成日冻结数据采集失败,通过主站召测终端、电能表时钟,核对时钟是否正确。

故障处理:通过主站对时钟偏差在 5 min 内的电能表进行远程校时,对时钟偏差超过 5 min 的电能表可进行现场校时。若校时仍不成功,则更换电能表,终端时钟偏差可通过主站远程校时。

本地通信采用"载波"方式的应按照步骤 d 至步骤 g 进行故障排查:

d.现场检查终端电源线是否缺相。

故障分析:现场检查终端电源线是否缺相或虚接。

故障处理:若终端电源线存在缺相或虚接,则正确连接电源线。

e.现场检查终端载波模块是否故障。

故障分析:检查终端所接入的其他电能表数据是否采集成功,若成功则排除载波模块故障。若采集失败,则更换终端模块观察故障是否排除。

故障处理:若终端载波模块故障,则更换载波模块。

f.现场检查终端是否故障。

故障分析:检查终端所接入的其他电能表数据是否采集成功,若成功则表明终端正常;反之,则升级、更换终端后观察故障是否消除。若故障消除,则表明终端发生故障。

故障处理:若终端故障,则升级或更换终端。

g.现场检查电能表是否故障。

故障分析:检查采集终端下接的其他电能表的采集数据是否正常,若其他电能表采集数据正常,则判断为电能表故障。

故障处理:若电能表故障,则更换电能表。

本地通信采用"RS485"方式的应按照步骤 h 至步骤 j 进行故障排查:

h.现场检查 RS485 接线是否正常。

故障分析:现场检查 RS485 接线是否正常(未接、错接、损坏等),通过万用表检测通信线是否损坏,检测 A、B 通信线是否短路、虚接等问题。

故障处理:若接线错误,则更正接线。若通信线损坏,则更换通信线。

i.现场检查终端和电能表 RS485 端口是否损坏。

故障分析:断开通信线,分别测量终端和电能表的 RS485 端口 A、B 间电压是否在正常范围内,若超出范围则说明该端口可能存在故障。

故障处理:若 RS485 端口故障,更换终端或电能表。

j.现场检查终端、电能表是否故障。

故障分析及故障处理措施参见步骤 f 和步骤 g。

k.本地通信采用"微功率无线"的现场检查终端微功率无线模块是否故障。

故障分析:检查终端所接入的其他电能表数据是否采集成功,若采集成功,则排除微功率无线模块故障。若采集失败,则更换终端模块观察故障是否排除。

故障处理:若终端微功率无线模块故障,则更换模块。

④采集数据时有时无。

主站侧分析采集数据时有时无的方法、处置步骤如下:

A.主站侧检查终端软件是否存在缺陷。

故障分析:召测终端软件版本号,验证软件版本是否正确。

故障处理:若终端软件存在缺陷,升级终端软件。

在现场分析采集数据时有时无的方法、处置步骤如下:

B.核查远程通信信号强度是否符合要求。

故障分析:观察终端液晶屏显示的信号强度,检查信号强度是否符合要求、天线是否正常。

故障处理:信号强度弱或不稳定,可加装外延天线或信号放大器。

若仍无法解决,需联系运营商处理。

C.检查本地通信信号强度是否符合要求。

故障分析:现场检查供电半径是否过长,通过掌机观察在网成功率是否满足要求。

故障处理:调整终端或电能表安装位置,加装通信中继装置。

D.现场检查终端是否故障。

故障分析:检查采集终端所接入的其他电能表数据是否采集正常,若正常则表明终端正常,反之,则升级、更换终端后观察故障是否消除。若故障消除,则表明终端发生故障。

故障处理:若采集终端故障,则升级或更换终端。

E.现场检查电能表是否故障。

故障分析:检查采集终端下接的其他电能表的采集数据是否正常,若其他电能表采集数据正常,则判断为电能表故障。

故障处理:若电能表故障,则更换电能表。

⑤数据采集错误。

A.主站侧检查参数设置是否正确。

故障分析:检查主站与现场电能表测量点档案是否一致,终端参数是否正确设置,包括表地址、波特率、通信规约、通信端口号、序号、用户大/小类号等。

若主站与现场电能表测量点档案不一致或参数设置错误,则正确设置终端参数并重新下发。

B.主站侧检查采集终端、电能表时钟是否正确。

故障分析:终端、电能表时钟与主站时钟偏差会造成日冻结数据采集错误。通过主站召测采集终端、电能表时钟,核对时钟是否正确。

故障处理:通过主站对时钟偏差在 5 min 内的电能表进行远程校时,对时钟偏差超过 5 min 的电能表进行现场校时。若校时仍不成功,更换电能表。采集终端时钟偏差可通过主站远程校时,若校时不成功,应更换采集终端。

C.主站侧检查采集终端是否故障。

故障分析:数据采集失败的原因可能为终端内存溢出,比较主站透抄电能表数据和采集终端日冻结数据,若差异较大,则初步判断为采集终端故障。

故障处理:若采集终端故障,需升级终端软件,若升级不成功,派发现场检查。

D.主站侧检查电能表是否故障。

故障分析:数据采集失败可能为电能表内存溢出,主站侧透抄电能表电流,并查看用户每日用电情况,若用户有电流无电量,则初步判断为电能表故障。

故障处理:若为电能表故障,则更换电能表。

E.现场检查终端是否故障。

故障分析:检查采集终端所接入的其他电能表数据是否采集正确,若正确则表明终端正常;反之,则升级、更换终端后观察故障是否消除。若故障消除,则表明终端发生故障。

故障处理:若采集终端故障,则升级或更换终端。

F.现场检查电能表运行是否正常。

故障分析:现场检查电能表脉冲灯是否闪烁,若电能表停走,则判断为电能表故障。

故障处理:若电能表故障,则更换电能表。

⑥事件上报异常。

A.主站侧检查参数设置是否正确。

故障分析:通过主站检查终端事件的有效性和重要性参数设置是否正确。

故障处理:若主站内终端事件的有效性和重要性参数未设置,则正确设置事件参数并重新下发。

B.主站侧检查采集终端软件是否存在缺陷。

故障分析:以停复电事件为例,采集终端发生停电或复电时,应及时向主站上报停电和复电报文,报文内停复电时间须准确无误。发生此类异常时,应在主站侧查看停复电报文及停复电时间是否正确。

故障处理:停复电时间错报,采集终端软件存在缺陷,则升级采集终端软件。

C.现场检查采集终端电池是否正常。

故障分析:采集终端电池正常才能保证停电后停复电事件能够正常上报,电池电压低、电池接触不良等问题会造成停复电事件异常上报。发生此类异常时,需现场检查采集终端电池。

故障处理:若采集终端电池电压低或接触不良,则更换采集终端电池。

D.现场检查终端是否故障。

故障分析：检查采集终端所接入的其他电能表事件上报是否正常，若事件正常上报则表明终端正常；反之，则升级、更换终端后观察故障是否消除。若故障消除，则表明终端发生故障。

故障处理：若采集终端故障，则升级或更换终端。

【思考与练习】

1.简述用电信息采集故障的处置原则。

2.造成数据采集时有时无的常见原因有哪些？

附　录

附录1　低压三相电能表安装作业指导书

附表1.1　低压三相电能表安装的危险点分析

序　号	内　容	后　果
1	工作人员进入作业现场不戴安全帽	可能会发生人员伤害事故
2	工作现场不挂标示牌或不装设遮栏或围栏	工作人员可能会发生走错间隔及操作其他运行设备
3	二次电流回路开路或失去接地点	易引起人员伤亡及设备损坏
4	电压回路操作	有可能造成交流电压回路短路、接地
5	在高处安装计量装置	可能造成高空坠落或高空坠物,引起人员伤亡及设备损坏
6	设备标示不清楚	易发生误接线,造成运行设备事故
7	未使用绝缘工具	易引起人身触电及设备损坏
8	使用电钻	可能碰及带电体
9	没有明显的电源断开点	易引起人身触电伤亡事故
10	低压搭(拆)头时不按先零(火)后火(零)顺序进行	容易引起人身触电伤亡事故

附表1.2　低压三相电能表安装的安全措施

序　号	内　容
1	进入工作现场,工作人员必须戴安全帽,穿工作服,正确使用劳动保护用品
2	现场作业必须执行派工单制度、工作票制度、工作许可制度、工作监护制度、工作间断、转移和终结制度
3	开工前,工作负责人应对工作人员详细交代在工作区内的安全注意事项,进行危险点分析

续表

序　号	内　容
4	工作现场应装设遮栏或围栏或标示牌或设置临时工作区等,操作必须有专人监护
5	检查实际接线与现场、要求、图纸是否一致,实际安装位是否与派工内容一致,如发现不一致时,应及时进行报告、更正,确认无误后方可进行安装作业
6	在进行停电安装作业前,必须用试电笔验电,应确定表前(或低压电流互感器)、表后线(或低压电流互感器)是否带电,或者是否有明显的断开点,在确认无电、无误情况下方可进行安装工作
7	使用绝缘工具,做好安全防范措施
8	为防止震动引起保护误动,客户变电站作业,要采取与信号、控制、保护回路有效的隔离措施,防止误碰、误动。必要时可以暂停保护压板
9	严禁相线(电压)短接、接地,严禁二次电流回路开路
10	使用梯子或登杆作业时,应采取可靠的防滑措施,并注意保持与带电设备的安全距离
11	安装作业结束后,工作人员应对安装设备及电压、电流回路连接情况进行检查,并清理现场

附录 2　高压电能计量装置装拆及验收标准化作业指导书

附表 2.1　高压电能计量装置装拆及验收的危险点与预防控制措施

序号	防范类型	危险点	预防控制措施
1	人身伤害或触电	误碰带电设备	①在电气设备上作业时,应将未经验电的设备视为带电设备 ②在高、低压设备上工作,应至少由两人进行,并完成保证安全的组织措施和技术措施 ③工作人员应正确使用合格的安全绝缘工器具和个人劳动防护用品 ④高、低压设备应根据工作票所列安全要求,落实安全措施。涉及停电作业的应实施停电、验电、挂接地线、悬挂标示牌后方可工作。工作负责人应会同工作票许可人确认停电范围、断开点、接地、标示牌正确无误。工作负责人在作业前应要求工作票许可人当面验电,必要时工作负责人还可使用自带验电器(笔)重复验电 ⑤工作票许可人应指明作业现场周围的带电部位,工作负责人确认无倒送电的可能 ⑥应在作业现场装设临时遮栏,将作业点与邻近带电间隔或带电部位隔离。作业中应保持与带电设备的安全距离 ⑦严禁工作人员未履行工作许可手续擅自开启电气设备柜门或操作电气设备 ⑧严禁在未采取任何监护措施和保护措施的情况下现场作业
		走错工作位置	①工作负责人对工作班成员应进行安全教育,作业前对工作班成员进行危险点告知,明确带电设备位置,交代安全措施和技术措施,并履行确认手续 ②核对工作任务单与现场信息是否一致 ③核对设备双重名称,在工作地点设置"在此工作"标示牌 ④作业现场应装设遮栏或围栏,遮栏或围栏与被试设备高压部分应有足够的安全距离,向外悬挂"止步,高压危险!"的标示牌
		人员与高压设备安全距离不足致使人身伤害	①工作负责人对工作班成员应进行安全教育,作业前对工作班成员进行危险点告知,交代工作地点及周围的带电部位与安全措施和技术措施 ②工作班成员应精力集中,随时警戒异常现象发生,工作时应设专人监护,与带电设备保持足够的安全距离

续表

序号	防范类型	危险点	预防控制措施
1	人身伤害或触电	停电作业发生倒送电	①工作负责人应会同工作票许可人现场确认作业点已处于检修状态,并使用验电器确认无电压 ②确认作业点安全隔离措施,各方面电源、负载端必须有明显断开点 ③确认作业点电源、负载端均已装设接地线,接地点可靠 ④自备发电机只能作为试验电源或工作照明,严禁接入其他电气回路
		工作前未进行验电致使触电	①工作前应在带电设备上对验电设备进行测试,确保良好 ②工作前应先验电
		二次回路带电作业未采取措施	①二次回路带电作业中使用的工具,其外裸的导电部位应采取绝缘措施,防止操作时相间或相对地短路 ②二次回路带电作业时,作业人员应穿绝缘鞋和全棉长袖工作服,并戴手套、安全帽和护目镜,站在干燥的绝缘物上进行 ③二次回路带电作业时,禁止使用锉刀、金属尺和带有金属物的毛刷、毛掸等工具,作好防止相间短路的措施
		二次回路带电作业无绝缘防护措施	①二次回路带电作业应使用有绝缘柄的工具,其外裸的导电部位应采取绝缘措施,防止操作时相间或相对地短路 ②工作时,应穿绝缘鞋,并戴手套,站在干燥的绝缘物上进行 ③二次回路带电作业时应设专人监护;配置、穿用合格的个人绝缘防护用品;杜绝无个人绝缘防护或绝缘防护失效仍冒险作业的现象 ④二次回路带电作业人员作业时,人体不得同时接触两根线头
		计量柜(箱)、电动工具漏电	①工作前应用验电笔(器)对金属计量柜(箱)进行验电,并检查计量柜(箱)接地是否可靠 ②电动工具外壳必须可靠接地,其所接电源必须装有漏电保护器
		短路或接地	①工作中使用的工具,其外裸的导电部位应采取绝缘措施,防止操作时相间或相对地短路 ②带电装拆电能表时,带电的导线部分应做好绝缘措施
		使用临时电源不当	①接取临时电源时安排专人监护 ②检查接入电源的线缆有无破损,连接是否可靠 ③临时电源应具有漏电保护装置

续表

序号	防范类型	危险点	预防控制措施
1	人身伤害或触电	电流互感器二次回路开路、电压互感器二次回路短路	①电能表接线回路采用统一标准的联合接线盒 ②不得将回路的永久接地点断开 ③进行电能表装拆工作时,应先在联合接线盒内短接电流连接片,脱开电压连接片 ④工作时设专人监护,使用绝缘工具,站在干燥的绝缘物上进行
		雷电伤害	室外高空天线处工作应注意天气,雷雨天禁止作业
2	机械伤害	戴手套使用电动转动工具,可能引起机械伤害	加强监督与检查,使用电动转动工具不得使用手套
		使用不合格工器具	按规定对各类工器具进行定期试验和检查,确保使用合格的工器具
		高空抛物	高处作业上下传递物品,不得投掷,必须使用工具袋并通过绳索传递,防止从高空坠落发生事故
3	高空坠落	使用不合格登高用安全工器具	按规定对各类登高用工器具进行定期试验和检查,确保使用合格的工器具
		绝缘梯使用不当	①使用前检查绝缘梯的外观,以及编号、检验合格标识,确认符合安全要求 ②登高使用绝缘梯时应设置专人监护 ③梯子应有防滑措施,使用单梯工作时,梯子与地面的斜角为60°左右,梯子不得绑接使用,人字梯应有限制开度的措施,人在梯子上时,禁止移动梯子
4	设备损坏	装拆互感器意外跌落	在固定架上进行互感器装拆时应对其加以绑扎,以免互感器从固定架上坠落
		计量柜(箱)内遗留工具	工作结束后应打扫、整理现场;认真检查携带的工器具,确保无遗留
		仪器仪表损坏	规范使用仪器仪表,选择合适的量程
		接线时压接不牢固或错误	加强作业过程中的监护、检查工作,防止接线时因压接不牢固或错误损坏设备
5	计量差错	接线错误	工作班成员接线完成后,应对接线进行检查,加强互查

附录3 国网湖南电力营销部关于转发国家电网公司计量标准化作业指导书的通知(营销〔2013〕26号)

(1)直接接入式低压电能表的带电调换风险辨识及控制措施(附表3.1)

附表3.1 直接接入式低压电能表的带电调换风险辨识及控制措施

序号	风险辨识	控制措施
1	误碰带电设备	①在电气设备上作业时,应将未经验电的设备视为带电设备 ②在高、低压设备上工作时,应至少由两人进行,并完成保证安全的组织措施和技术措施 ③工作人员应正确使用合格的安全绝缘工器具和个人劳动防护用品 ④高、低压设备应根据工作票所列安全要求,落实安全措施。涉及停电作业的应实施停电、验电、挂接地线、悬挂标示牌后方可工作。工作负责人应会同工作票许可人确认停电范围、断开点、接地、标示牌正确无误。工作负责人在作业前应要求工作票许可人当面验电;必要时工作负责人还可使用自带验电器(笔)重复验电 ⑤工作票许可人应指明作业现场周围的带电部位,工作负责人确认无倒送电的可能 ⑥应在作业现场装设临时遮栏,将作业点与邻近带电间隔或带电部位隔离。作业中应保持与带电设备的安全距离 ⑦严禁工作人员未履行工作许可手续擅自开启电气设备柜门或操作电气设备 ⑧严禁在未采取任何监护措施和保护措施情况下现场操作
2	走错工作位置	①工作负责人对工作班成员应进行安全教育,作业前对工作班成员进行危险点告知,明确指明带电设备的位置,交代工作地点及周围的带电部位与安全措施和技术措施,并履行确认手续 ②相邻有带电间隔和带电部位的,必须装设临时遮栏并设专人监护 ③核对装拆工作单与现场信息是否一致 ④在工作地点设置"在此工作"标示牌
3	电弧灼伤	①低压带电作业中使用的工具,其外裸的导电部位应采取绝缘措施,防止操作时相间或相对地短路 ②低压带电作业时,作业人员应穿绝缘鞋和全棉长袖工作服,同时戴手套、安全帽和护目镜,站在干燥的绝缘物上进行 ③低压带电作业时禁止使用锉刀、金属尺和带有金属物的毛刷、毛掸等工具,作好防止相间短路产生弧光的措施

序号	风险辨识	控制措施
4	不具备低压带电作业条件或未采取措施接触两相	①低压带电作业中使用的工具,其外裸的导电部位应采取绝缘措施,防止操作时相间或相对地短路 ②低压带电作业时,作业人员应穿绝缘鞋和全棉长袖工作服,同时戴手套、安全帽和护目镜,站在干燥的绝缘物上进行 ③低压带电作业时禁止使用锉刀、金属尺和带有金属物的毛刷、毛掸等工具,作好防止相间短路产生弧光的措施 ④现场无联合接线盒装拆电能表时应采取停电工作方式
5	低压带电作业无绝缘防护措施	①低压带电作业应使用有绝缘柄的工具,其外裸的导电部位应采取绝缘措施,防止操作时相间或相对地短路 ②工作时,应穿绝缘鞋,并戴手套,站在干燥的绝缘物上进行 ③低压带电作业时应设专人监护;配置、穿用合格的个人绝缘防护用品;杜绝无个人绝缘防护或绝缘防护失效仍冒险作业的现象 ④低压带电作业时,人体不得同时接触两根线头
6	计量柜(箱)、电动工具漏电	①工作前应用验电笔(器)对金属计量柜(箱)进行验电,并检查计量柜(箱)接地是否可靠 ②电动工具外壳必须可靠接地,其所接电源必须装有漏电保护器
7	短路或接地	①工作中使用的工具,其外裸的导电部位应采取绝缘措施,防止操作时相间或相对地短路 ②带电装拆电能表时,带电的导线部分应作好绝缘措施
8	雷电伤害	室外工作应注意天气,雷雨天禁止作业
9	工作前未进行验电致使触电	①工作前应在带电设备上对验电笔(器)进行测试,确保良好 ②工作前应先验电
10	戴手套使用转动的电动工具,可能引起机械伤害	加强监督与检查,使用转动的电动工具不得使用手套
11	使用不合格工器具	按规定对各类工器具进行定期试验和检查,确保使用合格的工器具
12	高空抛物	高处作业上下传递物品,不得投掷,必须使用工具袋并通过绳索传递,防止从高空坠落发生事故
13	使用不合格登高用安全工器具	按规定对各类登高用工器具进行定期试验和检查,确保使用合格的工器具
14	绝缘梯使用不当	①使用前检查绝缘梯的外观,以及编号、检验合格标识,确认符合安全要求 ②登高使用绝缘梯时应设置专人监护 ③梯子应有防滑措施,使用单梯工作时,梯子与地面的斜角为60°左右,梯子不得绑接使用,人字梯应有限制开度的措施,人在梯子上时,禁止移动梯子

续表

序号	风险辨识	控制措施
15	登高作业操作不当	①登高作业前应先检查杆根,并对脚扣和登高板进行承力检验 ②登高作业应使用双控背带式安全带,双控背带式安全带应系在牢固的固件上
16	计量柜(箱)内遗留工具,导致送电后短路,损坏设备	工作结束后应打扫、整理现场,认真检查携带的工器具,确保无遗留
17	仪器仪表损坏	规范使用仪器仪表,选择合适的量程
18	接线时压接不牢固或错误	加强作业过程中的监护、检查工作,防止接线时因压接不牢固或错误损坏设备
19	接线错误	工作班成员接线完成后,应对接线进行检查,同时加强互查

(2)经互感器接入式低压电能表的带电调换风险辨识及控制措施(附表 3.2)

附表 3.2　接入式低压电能表的带电调换风险辨识及控制措施

序号	风险辨识	控制措施
1	工作电源取用不当或不使用漏电保护器,造成人员或设备事故	①施工电源取用必须由两人进行 ②测量电压是否符合电压等级要求,检查移动电源盒及导线是否损坏 ③从接线插座取电源,应检查接线插座是否完整无缺 ④如从配电箱(柜)内取电源,应先断开电源,接线应牢固
2	工作无专人监护,造成人员或设备事故	工作过程应有人监护,工作监护人必须履行监护职责,对现场监护工作负责,工作人员在工作过程中注意力应高度集中,防止异常情况的发生。当出现异常情况时,应立即停止工作,查明原因后,方可继续工作
3	电流互感器二次侧开路或失去接地点,造成人员或设备事故	短接电流二次回路,必须使用短接线或短接片,短接必须可靠,严禁使用导线缠绕。严禁在电流互感器与短接线之间的二次回路上工作,不得断开回路的永久接地点。短接后,应通过电能表的指示或使用钳形电流表,确认电能表回路正确、已短接可靠,方可工作
4	工作中误碰其他运行设备,造成保护误动或开关跳闸	①工作位置挂"在此工作"标示牌。工作移动迁移时,加强监护,注意与其他运行设备的距离 ②在装有继电保护装置屏上打孔时,应采取防止保护装置误动措施
5	高处作业,易造成人员摔跌事故	施工作业在高处进行必须使用安全带和安全绳,并在合格可靠的梯子或其他登高工具上工作
6	安全措施不当,造成人员触电或短路事故	①电能表更换过程中应注意与带电部位的安全距离 ②更换无专用接线盒的低压电能表,必须断开电能表、互感器所经过的所有负荷,使电能表电压取样母线和妨碍工作人员正常工作相邻的母线在各方面有明显断开点。工作前必须对电能表各接线端和工作相邻低压母线进行验电,确认无电压后在相应母线上挂接地线,再进行工作

续表

序号	风险辨识	控制措施
7	计量用二次回路或电能表接线错误,导致现场实际电能计量不准	①装接完结应认真核对电能表的接线是否按正相序连接 ②电流回路采用四线制或六线制接线
8	装表时未向客户确认新装电能表的初始电量,导致客户对电能表底度电量不认可的风险	①抄录表码时,应按照表计显示位数抄录,并由其他工作班成员核对 ②抄录完后,请客户核对并签字

附录 4　低压工作票

单位：_____　　　编号：_____

　　1.工作负责人（监护人）：_____　班组：_____

　　2.工作班人员（不包括工作负责人）：_____

_____共_____人

　　3.工作的线路名称或设备双重名称（多回路应注明双重称号及方位）、工作任务

_____

_____

_____

　　4.计划工作时间：自___年___月___日___时___分至___年___月___日___时___分

　　5.安全措施（必要时可附页绘图说明）

　　5.1 工作的条件和应采取的安全措施（停电、接地、隔离和装设的安全遮栏、围栏、标示牌等）

　　（1）_____

　　（2）_____

　　（3）_____

　　5.2 保留的带电部位

_____

_____

　　5.3 其他安全措施和注意事项

　　梯子应有防滑措施，专人扶持。

_____

工作票签发人签名：_____　　　___年___月___日___时___分

工作负责人签名：_____　　　___年___月___日___时___分

　　6.工作许可

　　6.1 现场补充的安全措施

_____

　　6.2 确认本工作票安全措施正确完备，许可工作开始

许可方式：_____　　　许可工作时间：___年___月___日___时___分

工作许可人签名：_____　　　工作负责人签名：_____

　　7.本次工作危险点分析及防范措施（由工作负责人填写）

工作中存在的危险点	防范措施
误碰带电设备	①在电气设备上作业时,应将未经验电的设备视为带电设备 ②在高、低压设备上工作时,应至少由两人进行,并完成保证安全的组织措施和技术措施 ③工作人员应正确使用合格的安全绝缘工器具和个人劳动防护用品 ④高、低压设备应根据工作票所列安全要求,落实安全措施。涉及停电作业的应实施停电、验电、挂接地线、悬挂标示牌后方可工作。工作负责人应会同工作票许可人确认停电范围、断开点、接地、标示牌正确无误。工作负责人在作业前应要求工作许可人当面验电;必要时工作负责人还可自带验电器(笔)重复验电 ⑤工作票许可人应指明作业现场周围的带电部位,工作负责人确认无倒送电的可能 ⑥应在作业现场装设临时遮栏,将作业点与邻近带电间隔或带电部位隔离。作业中应保持与带电设备的安全距离 ⑦严禁工作人员未履行工作许可手续擅自开启电气设备柜门或操作电气设备 ⑧严禁在未采取任何监护措施和保护措施的情况下现场作业 ⑨当打开计量箱(柜)门进行检查或操作时,应采取有效措施对箱(柜)门进行固定,防范刮风或触碰造成柜门异常关闭而发生事故
走错工作位置	①工作负责人对工作班成员应进行教育,作业前对工作班成员进行危险点告知,明确指明带电设备位置,交代工作地点及周围的带电部位与安全措施和技术措施,并履行确认手续 ②核对工作任务单与现场信息是否一致 ③在工作地点设置"在此工作"标示牌
金属表箱外壳漏电	工作前应用验电笔对金属表箱进行验电,并检查表箱接地是否规范、可靠
使用临时电源不当	①接取临时电源时安排专人监护 ②检查接入电源的线缆有无破损,连接是否可靠 ③检查电源盘漏电保护器工作是否正常
短路或接地	①工作中使用的工具,其外裸的导电部位应采取绝缘措施,防止操作时相间或相对地短路 ②工作班成员应正确佩戴和穿着安全帽、护目镜、穿长袖工作服、手套、绝缘鞋等劳动保护用品,正确使用安全工器具
现场检测安全距离不够而引起触电	根据带电设备的电压等级,检测人员应注意保持与带电体的安全距离不小于电力安全工作规程中规定的距离
电能表现场检测不穿戴或不正确穿戴安全帽、绝缘鞋、工作服而引起人员伤害事故	工作中应正确佩戴安全帽、护目镜、穿长袖工作服、手套、绝缘鞋等劳动保护用品,正确使用安全工器具。防止人员电弧灼伤、触电伤害

续表

工作中存在的危险点	防范措施
工作终结后,又到设备上工作	①办理工作终结手续前,工作负责人应监督工作班成员整理好仪器仪表、工器具,恢复作业前准备 ②办理工作终结手续后,工作负责人应监督所有工作班成员离开作业现场,防止工作班成员未经允许重新回到作业现场,造成安全事故
使用不合格工器具	按规定对各类需要检验的工器具进行定期试验并检查,确保使用合格的工器具
表箱周围堆放杂物	请客户将杂物挪开,避免砸伤或磕绊
表箱门坠落伤害工作人员	应防止表箱门坠落伤害工作人员。将不牢固的上翻式表箱门拆卸,检验后恢复装回
仪器仪表损坏	①操作过程中应正确设定仪器仪表的量程,规范使用 ②防止接线时压接不牢固,接线错误导致设备损坏
设备材料运输、保管不善造成损坏、丢失	设备材料在运输时应有防尘、防震、防潮措施,加强材料设备的运输管理
现场检验过程中电压互感器二次短路,电流互感顺二次回路开路	严格执行监护制度,确认后规范接线;一旦发现任何隐患,立即停止试验检查原因
客户有违约用电或窃电行为	停止工作,保护现场,通知和等候用电检查(稽查)人员处理

8.确认工作负责人布置的工作任务、安全措施和危险点及防范措施

工作班人员签名:＿＿＿＿＿＿＿＿＿＿＿＿＿＿＿＿＿＿＿＿＿＿＿＿＿＿＿＿＿＿

＿＿＿＿＿＿＿＿＿＿＿＿＿＿＿＿＿＿＿＿＿＿＿＿＿＿＿＿＿＿＿＿＿＿＿＿＿＿

9.工作票延期

有效期延长到＿＿＿年＿＿＿月＿＿＿日＿＿＿时＿＿＿分

工作负责人签名:＿＿＿＿＿＿＿　＿＿＿年＿＿＿月＿＿＿日＿＿＿时＿＿＿分

工作许可人签名:＿＿＿＿＿＿＿　＿＿＿年＿＿＿月＿＿＿日＿＿＿时＿＿＿分

10.工作负责人变动情况

原工作负责人:＿＿＿＿＿＿＿＿离去,变更＿＿＿＿＿＿＿＿为工作负责人

工作票签发人:＿＿＿＿＿＿＿　＿＿＿年＿＿＿月＿＿＿日＿＿＿时＿＿＿分

工作人员变动情况(变动人员姓名、变动日期及时间)

＿＿＿＿＿＿＿＿＿＿＿＿＿＿＿＿＿＿＿＿＿＿＿＿＿＿＿＿＿＿＿＿＿＿＿＿＿＿

工作负责人签名＿＿＿＿＿＿＿＿＿＿

11.每日开工和收工时间(使用一天的工作票不必填写)

收工时间				工作负责人	工作许可人	开工时间				工作许可人	工作负责人
月	日	时	分			月	日	时	分		

12.工作票终结

全部工作于____年____月____日____时____分结束,工作人员已全部撤离,材料工具已清理完毕。

工作负责人签名：_____　　　　____年___月___日___时___分

工作许可人签名：_____　　　　____年___月___日___时___分

13.备注

_____

_____

_____

_____

附录5　三相四线直接接入式低压电能表装拆工作单

打印日期：

申请编号：　　　　客户编号：　　　　计量点编号：　　　　计量点名称：

客户名称		联系人		业务类别		计量点名称			计量箱
地址		联系电话		计量点容量		计量装置类别		安装位置	

新装计量器具明细

电能表	条形码	厂号	型号	生产厂家	电压	电流	有功精度	综合倍率	起/止码
									有功总

拆除计量器具明细

电能表	条形码	厂号	型号	生产厂家	电压	电流	有功精度	综合倍率	起/止码
									有功总

计量装置加封封印记录

封印位置	封印（锁）号	数量

备注：

客户核实内容：1.电能表、失压仪示数记录与实际相符；2.封印登记记录与实际相符。

客户其他说明：

客户核实签字：　　　　　　　　　年　　月　　日

装拆人员签字：

封表人员签字：

施工日期：　　　　　年　　月　　日

174

参考文献

［1］蓝永林.交流电能计量［M］.北京:中国计量出版社,2009.

［2］吴安岚.电能计量基础及新技术［M］.2版.北京:中国水利水电出版社,2008.

［3］国家能源局.电能计量装置技术管理规程:DL/T 448—2016［S］.北京:中国电力出版社,2016.

［4］国家能源局.电力用电磁式电压互感器使用技术规范:DL/T 726—2013［S］.北京:中国电力出版社,2014.

［5］国家能源局.三相智能电能表型式规范:DL/T 1489—2015［S］.北京:中国电力出版社,2015.